HAISHANG YOUQITIAN
JIENENG JIANPAI LIANGHAO ZUOYE SHIJIAN

海上油气田
节能减排良好作业实践

崔嵘　主编

化学工业出版社
·北京·

本书以中海石油（中国）有限公司湛江分公司节能创新工作为主线，主要介绍了节能管理、节能技术以及综合节能方面的良好实践。其中，节能管理良好实践主要包括节能减排五年规划、节能减排体系、节能精细化管理以及节能文化创建等方面的内容；节能技术良好实践主要包括放空天然气回收技术、燃气透平余热回收技术、电力组网技术、循环水塔水轮机节电技术、海水淡化技术、生产和生活污水减排技术、油气井控水减排技术等方面的内容；综合节能良好实践则主要包括管理节能、油田群区域化调整、守护船节能等方面的内容。本书所引用的案例翔实，实用性强，具有重要的参考价值。

本书可供从事油气田开发生产和节能的设计、工程技术人员、运行管理人员使用，也可供大专院校相关专业师生参考。

图书在版编目（CIP）数据

海上油气田节能减排良好作业实践/崔嵘主编．北京：化学工业出版社，2018.4
ISBN 978-7-122-31715-5

Ⅰ.①海…　Ⅱ.①崔…　Ⅲ.①海上油气田-节能-研究　Ⅳ.①TE5

中国版本图书馆 CIP 数据核字（2018）第 047426 号

责任编辑：刘　军　　文字编辑：向　东
责任校对：边　涛　　装帧设计：王晓宇

出版发行：化学工业出版社（北京市东城区青年湖南街 13 号　邮政编码 100011）
印　　装：中煤（北京）印务有限公司
710mm×1000mm　1/16　印张 12½　字数 238 千字　2018 年 6 月北京第 1 版第 1 次印刷

购书咨询：010-64518888（传真：010-64519686）　售后服务：010-64518899
网　　址：http://www.cip.com.cn
凡购买本书，如有缺损质量问题，本社销售中心负责调换。

定　　价：120.00 元

本书编写人员名单

顾　　问：唐广荣

主　　编：崔　嵘

副 主 编：田　宇　邵智生　柳　鹏

编写人员：刘小伟　刘祖仁　张　峙　胡徐彦　田汝峰
张国欣　沈林冬　张保山　朱光辉　李卫团
赵杰瑛　甄志鹏　杨炳华　王　建　彭远志
李晓刚　郭　昊　谢协民　张　立　杨根全
王治国　涂　云　金光智　蒋日新　屈建红
李劲松　罗飞箭　任　冬　郑华安　郑成明
宫京艳　梁薛成

前言

FOREWORD

中海石油（中国）有限公司湛江分公司（下称“湛江分公司”）隶属于中国海洋石油集团有限公司，主要负责南海西部海域油气资源勘探与开发生产，总部位于湛江市坡头区，作业内容涵盖勘探——开发——处理——集输——污水回注——油气储运全过程。作业范围包括北部湾、莺歌海、琼东南、珠江口西部等盆地。 2008~ 2017 年，已连续十年油气产量超过 1000 万立方米油当量。

近年来，湛江分公司在集团公司的正确领导下，认真履行社会责任，积极承担应当履行的责任和义务，在努力增加油气产量的同时，建设能源管理体系，推行能源的精细化管理，坚持走低消耗、低污染、可循环、可持续发展之路；以节气、节油、节电、节水为重点，在加快传统采油、采气产业技术改造、提升原油（气）钻采科技含量，在合理用能、节油、节气、节水等方面做了大量卓有成效的工作，取得了显著的节能效果。湛江分公司重视构建企业节能文化，把倡导节能、绿色、低碳的生产方式、消费模式和生活习惯作为重点，并通过节能劳动竞赛、举办节能宣传板报创作大赛、节能视频创作大赛、节能知识竞赛、征集合理化建议等形式，来引导广大员工积极参与节能工作。湛江分公司用精细、有效和环境友好的方式生产油气，最大限度减少生产活动对当地资源和自然生态的影响，获得了社会和当地政府的肯定， 2010 年、 2011 年、 2012 年、 2013 年被评为广东省节能先进单位， 2013 年荣获全国节能劳动竞赛“五一”奖状。

本书系统总结了湛江分公司节能管理、节能技术以及综合节能方面的良好实践，可供从事油气田开发生产和节能的设计人员、工程技术人员、运行管理人员使用，也可供相关专业师生参考。

编　者

2018 年 2 月

目录

CONTENTS

01

第1章 海上油气田简介

1.1 湛江分公司简介

湛江分公司是由中国海洋石油总公司控股的中国海洋石油有限公司（以下简称为“中海油”）的一家境内分公司，主要负责东经113°10′以西的中国南海海域石油天然气的勘探、开发和生产业务，总部设在广东省湛江市坡头区。

湛江分公司所属油气田由作业公司直接负责管理，共有6个作业公司，包括崖城作业公司、涠洲作业公司、文昌13-1/2油田作业公司、东方作业公司、文昌油田群作业公司。

目前已有18个油田和5个气田投入生产，在建设油气田3个，是中国海洋石油最重要的天然气产区。其中，崖城13-1气田和东方1-1气田分别是中国海上最大的合作和自营天然气田。湛江分公司油气产量已连续九年超1000万立方米油当量。

湛江分公司在中海油集团公司的正确领导下，认真履行社会责任，积极承担应尽的责任和义务，在努力增加油气产量的同时，从两方面入手：一是从建设能源管理体系着手，推行能源的精细化管理，坚持走低消耗、低污染、可循环、可持续发展之路；以节油、节电、节水为重点，在加快传统采油、采气产业技术改造、提升原油（气）钻采科技含量，在合理用能、节水、节油、节气等方面做了大量的工作，取得了显著的节能效果，特别是在天然气综合利用、透平余热回收、转换用能方式(气置电）方面取得了非常大的成绩，2012～2016年已累计实现节约各类能源折16万吨标准煤。二是重视构建企业节能文化，把倡导节能、绿色、低碳的生产方式、消费模式和生活习惯作为重点，并通过节能劳动竞赛、举办节能宣传板报创作大赛、节能视频创作大赛、节能知识竞赛、征集合理化建议等形式，来引导广大员工积极参与节能工作。湛江分公司用精细、有效和环境友好的方式生产油气，最大限度减少生产活动对当地资源和自然生态的影响，获得了社会和当地政府的肯定，湛江分公司连续被评为广东省 2010 年、2011 年、2012 年、2013 年被评为广东省节能先进单位，2013 年荣获全国节能劳动竞赛“五一”奖状。湛江分公司所获荣誉展示见图 1-1，湛江分公司组织的节能环保“蓝丝带”社会实践见图 1-2。

图 1-1　湛江分公司所获荣誉展示

图 1-2　湛江分公司组织的节能环保“蓝丝带”社会实践

1.2　湛江分公司所属典型油气田简介

海上油气田的生产就是将海底油（气）藏中的原油或天然气开采出来，经过采集，油气水初步分离与加工，短期的储存，装船运输或经海管外输的过程。海上油气的开采方式与陆上基本相同，分为自喷和人工举升两种。目前国内海上常用人工举升方式为电潜泵采油。由于电潜泵井需进行检泵作业，因此平台上需设置可移动式修井机进行修井作业，或用自升式钻井船进行修井。

1.2.1 典型海上油田工艺流程

油田采出的井液经采油树输送到管汇中，管汇分为测试管汇和生产管汇。测试管汇分别将每口井的产出井液输送到计量分离器中进行分离并计量，在计量分离器中进行气液两相分离，分出的天然气和液体分别进行计量。液相采用油水分析仪测量含水率，从而测算出单井油气水产量。生产管汇是将每口油井的液体汇集起来，并输送到油气分离系统中去。

从生产管汇汇集的井液输送至三相分离器中，三相分离器将油、气、水进行初步分离。因分离出的原油还含有乳化水，所以需要进入电脱水器进一步破乳、脱水，达到合格要求后外输。含盐量较高的原油需要通过脱盐设备进行脱盐处理，从而避免给炼厂加工带来危害。为了将原油中的轻烃组分脱离出来，降低原油在储存和运输过程中的蒸发损耗，通过级次分离工艺对原油进行稳定处理，最多级数不超过三级。

处理合格的原油在浮式生产储油轮的油舱中储存。一般情况下，海上原油的储存周期为7～10天，储存的合格原油经计量后用穿梭油轮输送走。分离器分离出的天然气进入燃料气系统中，燃料气系统将天然气脱水后分配到燃气透平发电机、热介质锅炉、加热炉、天然气压缩机等用户。对于部分海上油田，天然气经压缩可供气举使用。多余的天然气可通过火炬臂上的火炬头烧掉。分离器分离出的含油污水进入含油污水处理系统中进行处理。

典型的海上油田包括涠洲12-8W/6-12油田等。涠洲12-8W/6-12油田包括涠洲12-1PUQB、涠洲12-8W及涠洲6-12三座平台。涠洲12-1PUQB平台是集油气计量、油气分离、油气集输、发电、注水等功能于一体的中心平台，设有2套独立的原油处理和生产污水处理设施、天然气处理设施、电站、热站、其他公用系统、生活楼等公用设施。涠洲12-8W井口平台和涠洲6-12井口平台生产的物料通过海底管道混输到涠洲12-1PUQB平台进行油气水分离处理，原油处理至商业标准，经过计量和增压后通过上岸管线输送到终端储存和销售。分离出来的生产水经处理达标后输送到污水回注系统统一回注。涠洲12-8W工艺流程示意图、涠洲6-12工艺流程示意图、涠洲12-1PUQB工艺流程图分别如图1-3～图1-5所示。

1.2.2 典型海上气田工艺流程

海上气田天然气的处理工艺流程，主要视产出天然气的流量、组分、温度、压力以及客户要求的D天然气质量指标而定。同时也要考虑便于管道传输

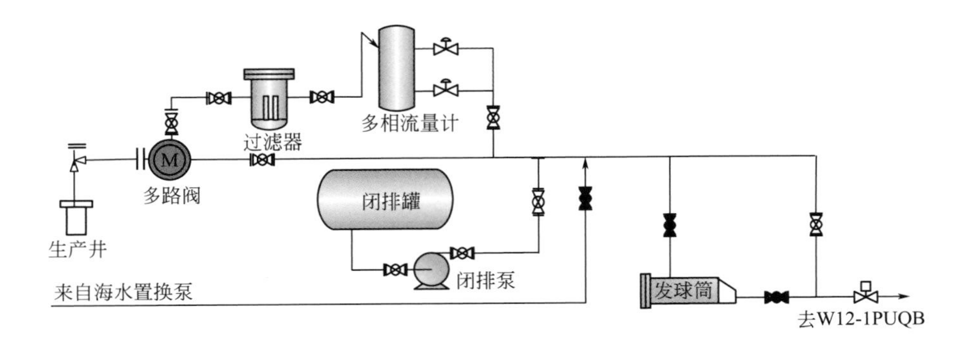

图 1-3　涠洲 12-8W 工艺流程示意图

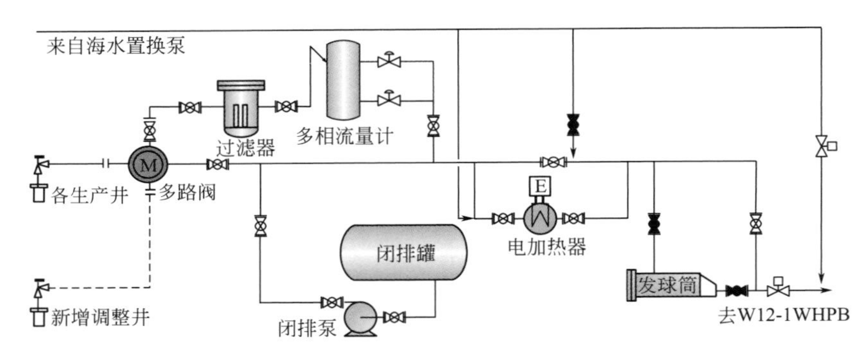

图 1-4　涠洲 6-12 工艺流程示意图

的问题。天然气处理工序主要包括：相分离、甜化处理（即脱硫、脱二氧化碳）、水露点控制（即脱水）、烃露点控制（即去除天然气中的重质成分）、温度控制（冷却、加热）、压力控制（减压、压缩升压）、天然气的传输、计量等。天然气处理中常用的主要设备包括：井口装置、测试分离器、生产分离器、接触塔、低温分离器、热交换器、加热器、压缩机、集输管道、计量装置等。

典型的海上气田包括崖城 13-1 气田等。崖城 13-1 气田由三个导管架平台组成，分别是井口平台、处理平台和生活平台。天然气开采和处理设备主要包括井口平台设备、油气水分离设备、天然气脱水、低温分离和外输设备以及凝析油、生产水处理系统和其他公用系统设备。海上生产设施主要承载着气田开采、生产处理和输送合格天然气产品的功能。另外，海上平台分离出来的所有凝析油和部分天然气经海底管线送往海南岛南山终端处理和销售。其他的天然气通过海底管线送往香港中华电力青山发电厂。崖城 13-1 平台工艺流程示意图如图 1-6 所示。

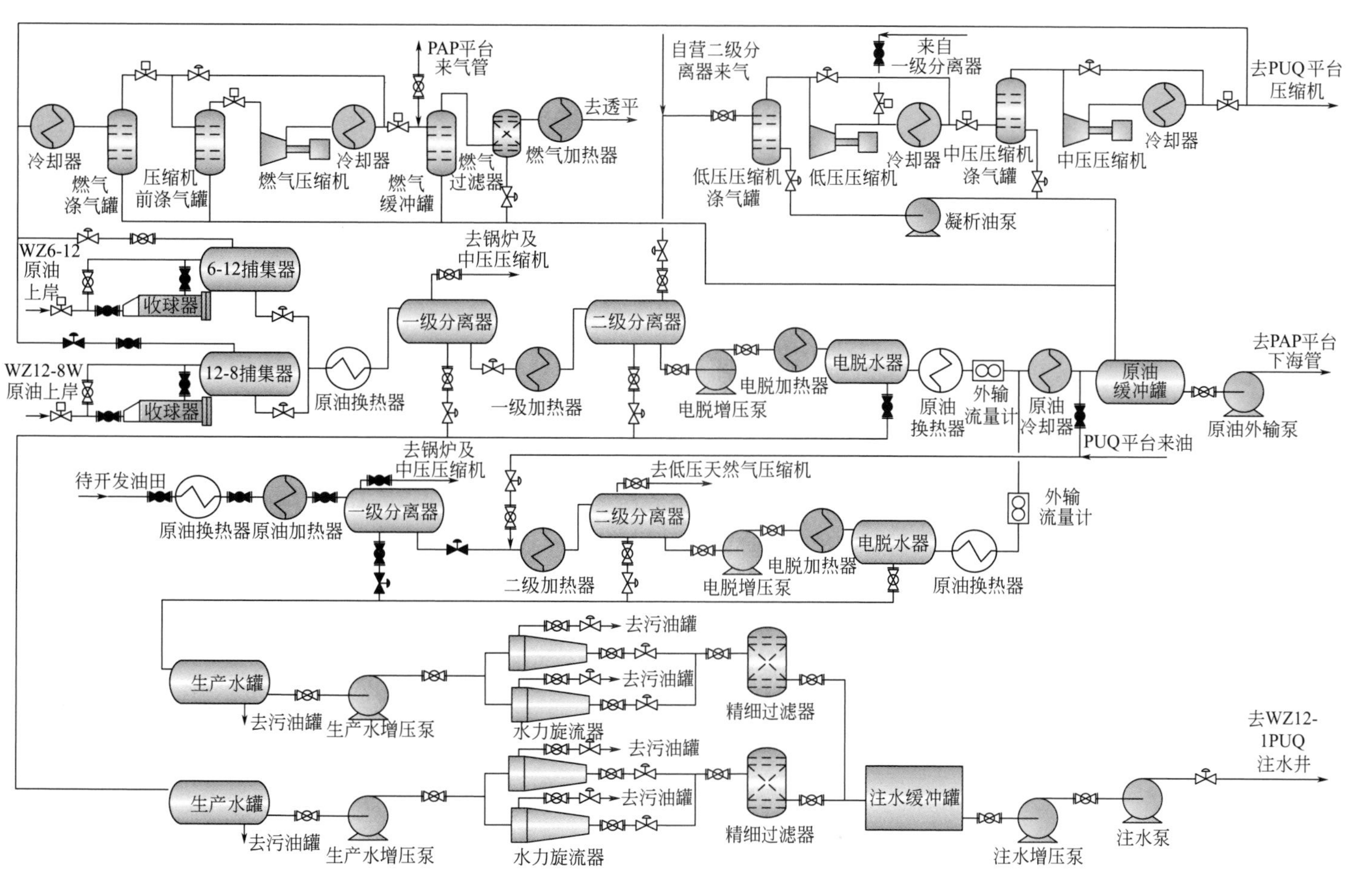

图 1-5　涠洲 12-1PUQB 工艺流程示意图

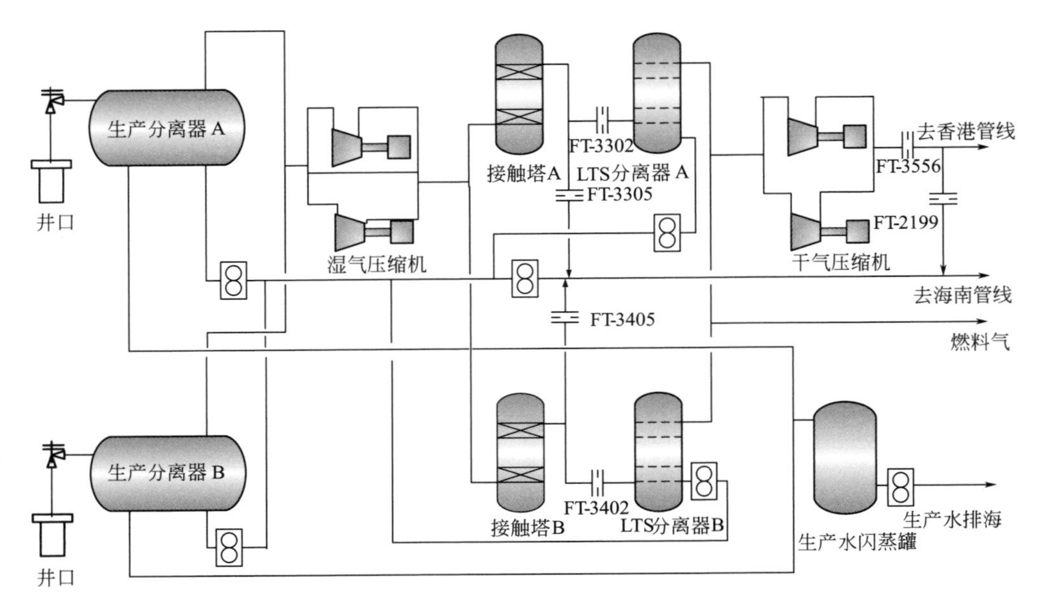

图 1-6　崖城 13-1 平台工艺流程示意图

02

第2章 海上油气田节能管理良好作业实践

2.1 系统构建湛江分公司节能规划

规划是融合多要素多人士看法的某一特定领域的发展愿景，意即进行比较全面的长远的发展计划，是对未来整体性、长期性、基本性问题的思考、考量和设计未来整套行动的方案。规划具有综合性、系统性、时间性、强制性等特点。

规划需要准确而实际的数据以及运用科学的方法进行整体到细节的设计。依照相关技术规范及标准制定有目的、有意义、有价值的行动方案。其目标具有针对性，数据具有相对精确性，理论依据具有翔实及充分性。规划的制定从时间上需要分阶段，由此可以使行动目标更加清晰，使行动方案更具可行性，使数据更具精确性，使经济运作更具可控性以及收支合理性。

合理的规划要根据所要规划的内容，整理出当前有效、准确及翔实的信息和数据。并以其为基础进行定性与定量的预测，而后依据结果制定目标及行动方案。所制定的方案应符合相关技术及标准，更应充分考虑实际情况及预期能动力。规划是实际行动的指导，因此目标必须具备确定性、专一性、合理性、有效性及可行性。其作为实际行动的基础，更应充分考虑实际行动中的可能情况以及对未知的可能情况做具体的预防措施，以降低规划存在的漏洞或实际行动中可能情况的发生及所产生的不可挽回的后果或影响。

为确保实现“十二五”节能减排约束性目标，缓解资源环境约束，应对全球气候变化，促进经济发展方式转变，建设资源节约型、环境友好型社会，增强可持续发展能力，根据《中华人民共和国国民经济和社会发展第十二个五年规划纲要》，国务院制定了节能减排“十二五”规划。通过逐级分解目标任务，加强评价考核，强化节能减排目标的约束性作用，加快转变经济发展方式，调整优化产业结构，增强可持续发展能力。进一步完善和落实相关产业政策，提高产业准入门槛，严格能评、环评审查，抑制高耗能、高排放行业过快增长，合理控制能源消费总量和污染物排放增量。加快淘汰落后产能，实施节能减排重点工程，改造提升传统产业。健全节能环保法律、法规和标准，完善有利于节能减排的价格、财税、金融等经济政策，充分发挥市场配置资源的基础性作用，形成有效的激励和约束机制，增强用能、排污单位和公民自觉节能减排的内生动力。加快节能减排技术创新、管理创新和制度创新，建立长效机制，实现节能减排效益最大化。根据各地区、各有关行业特点，实施有针对性的政策措施。突出抓好工业、建筑、交通、公共机构等重点领域和重点用能单位节能，大幅提高能源利用效率。加强环境基础设施建设，推动重点行业、重点流域、农业源和机动车污染防治，有效减少主要污染物排放总量。

2016 年 12 月，国务院印发“十三五”节能减排综合工作方案的通知，要求充分认识做好“十三五”节能减排工作的重要性和紧迫性。当前，我国经济发展进入新常态，产业结构优化明显加快，能源消费增速放缓，资源性、高耗能、高排放产业发展逐渐衰减。但必须清醒地认识到，随着工业化、城镇化进程加快和消费结构持续升级，我国能源需求刚性增长，资源环境问题仍是制约我国经济社会发展的瓶颈之一，节能减排依然形势严峻、任务艰巨。各地区、各部门不能有丝毫放松和懈怠，要进一步把思想和行动统一到党中央、国务院决策部署上来，下更大决心，用更大气力，采取更有效的政策措施，切实将节能减排工作推向深入。

湛江分公司重视节能减排规划的制定，着眼全局，系统构建节能减排规划。“十二五”期间，每年确定一个主题来开展节能减排工作，2011 年为规划年，2012 年为体系建设年，2013 年为精细管理年，2014 年为技术推广年，2015 年为成果巩固年。其间分别荣获广东省能源管理体系示范单位、广东省和湛江市节能先进集体以及总公司 2011～2013 年度节能先进集体称号。《涠西南低压天然气回收利用》及《南山终端 LPG 回收》被总公司评为 2011～2013 年度节能优秀项目。涠西南油田能控中心 2014 年 1 月被广东省经信局列入首批重点节能减排重点推进项目之一，并获扶持奖励 60 万元。

湛江分公司编制了“十三五”节能规划建议大纲，内容包括企业“十三五”发展规划、企业节能潜力分析、企业“十三五”节能规划、重点项目、推进和保障措施以及“十三五”节能规划总体技术路线图等。

2.1.1 湛江分公司“十二五”节能规划

2011 年定位为“规划年”，摸清潜力，制定节能“十二五”规划并有针对性开展节能科研（包括余热利用、气相减阻、重点能耗设备分类研究）。湛江分公司组织对涠洲终端、东方终端、海洋石油 116 以及南海奋进号透平机组的余热利用进行可行性研究，并形成了余热回收的技术方向和路线；组织对海上气田气相减阻剂的研究和试验；组织对湛江分公司加热炉、透平发电机、透平压缩机、大型机泵等重点能耗设备进行分类研究。

2012 年定位为“体系建设年”。湛江分公司组织建设节能增效及能源管理体系，并设计体系宣贯载体。体系主要分成四个部分：节能增效与能源管理手册、关键程序、工具指南表格、员工节能手册。体系从油气生产管理全过程出发，遵循系统管理原理，通过实施一套完整的标准、规范，在组织内建立起一个完整有效的、形成文件的管理体系，建立和实施过程的控制，使组织的活动、过程及其要素不断优化。在体系建设的同时设计了体系宣贯载体，包括节能扑克牌、节能宣传画以及节能视频等。

2013 年定位为“精细管理年”。湛江分公司 2013 年 2 月颁布《节能增效及能源管理体系》，以体系化思路开展节能工作。利用《节能增效与能源管理体系》的运行并结合年度工作计划的节能监测、能源审计、能效对标、内部审核、组织能耗计量与测试、组织能量平衡统计、管理评审、自我评价、节能技改、节能考核等措施，实现了多层面能源管理绩效的持续改进。另通过《节能增效与能源管理体系》内审，对湛江分公司所属用能单位节能工作运行管理过程中的各个要素进行符合性检查，为进一步规范和持续改进基层的能源管理工作创造条件。建立二级能耗定额指标体系及节能评价指标体系，节能目标实行三级分解；开展能效对标工作；部分油田实现用能智能化管理；充实湛江分公司节能监督员队伍。精细化管理年节能工作示意图如图 2-1 所示。

图 2-1　精细化管理年节能工作示意图

2014 年定位为“技术推广年”，在新项目上推广溴化锂空调及余热电站技术，在陆地终端推广水轮机技术应用，东方终端余热回收项目投用，开展涠洲终端余热电站技术可研设计。东方终端余热回收项目用燃气透平高烟气替代加热锅炉，总投资 3566 万元，项目于 2014 年 7 月 31 日投用，使得湛江分公司在透平余热技术应用方面获得重大突破。涠洲终端余热回收项目将安装两台铭牌出力 4.5MW 补汽凝汽式汽轮发电机组，额定发电量 8.142MW，扣除终端厂自用电后，还可通过已有的电网向涠洲 12-2 南项目供电 7.442MW，相当于每年节约标准煤量 20836t 左右（发电按 350g/kW・h 计算，8000h/a），此项目的建成将具有极大的推广价值并将具有示范效应。

2015 年定位为“成果巩固年”。成功来自不断的总结，只有总结才有提高。2015 年，湛江分公司组织技术人员编著了《节能管理实践》《节能工艺改造实践》《节能新技术应用实践》，为打好下一步节能攻坚战和“十三五”的完美开幕打下良好基础。

2.1.2 湛江分公司“十三五”节能规划

2.1.2.1 “十三五”能耗预测

“十三五”规划期间，由于新增油气田海上设施的增加与“十二五”期间投产油气田数相当，能耗总量预计比“十二五”有所增加，因此 2015～2020 年，随着新油气田的投产，能耗总量将上升，但净产量增加，生产单耗相对增幅稳定或稍有下降。

“十三五”期间，需要加强油田区域性开发的研究，实现区域性油气田的电力组网，以用能方式转换来解决部分油气田电力不足的问题（文昌油田群，文昌 13-1/2 油田等），尽可能地减少发电机组。特别是在“十三五”期间新增油气田项目时应考虑区域性整体开发方案，提高单台机组的负荷、回收机组余热发电和替代部分加热锅炉来实现少用天然气，实现节能。

2.1.2.2 “十三五”节能规划所遵循的原则

（1）坚持提高能源利用效率

湛江分公司油田伴生气产量高，是极好的清洁能源，大部分天然气需要通过涠西南油田群（涠洲 12-1 油田、涠洲 12-1PUQB 油田、涠洲 11-1 油田、涠洲 11-4 油田）天然气综合利用项目回收北部湾海域低压放空天然气并增压输送至涠洲终端处理厂加以利用。随着文昌 9-2/9-3/10-3 气田的开发及环海南天然气管网的建设，逐步减少了文昌油田群的天然气放空量。

（2）坚持加强余热资源利用

目前仅在涠洲 11-4A 平台和涠洲 12-1PUQB 平台燃气发电机组、东方终端透平压缩机、涠洲终端安装了余热回收装置，其他平台和终端暂时还没有安装余热回收装置，需要根据生产设施的工艺特点以及空间位置加强透平机组余热资源的利用。

(3) 坚持优化现有生产工艺流程

提高油气田生产负荷是“十三五”节能技术改造和优化工程设计的努力方向。在满足油气田生产能力和考虑后续依托开发的基础上，合理设计处理能力，优化工艺流程，提高生产负荷率，可以提高能源使用效率，有效降低综合能耗。例如使流程多系列、适当降低单台设备/设施规模、增加主要耗能设备/设施数量、增强流程适用性。

(4) 坚持加大海上电网建设

湛江分公司的“海上联网供电”是国内首家采用的技术，是加大回收利用天然气力度和提高各油田间电力资源利用的一条有效途径。鉴于海上油气田区域连片开采的趋势，可考虑扩大联网范围，在有条件的油田群组网供电，多余电力还可提供给陆上终端等设施使用，充分利用现有油气田发电设施的能力，提高已有电站机组的运行负荷和能源转化效率。

2.1.2.3 “十三五”节能技术运用规划

(1)“十三五”节能规划总体技术路线图

湛江分公司“十三五”节能专业科技规划包括南海西部海洋碳汇时间序列观测研究、涠洲终端透平余热发电技术研究以及燃气透平进气冷却提高机组效率可行性技术研究等。湛江分公司“十三五”节能规划总体技术路线图如图 2-2 所示。

(2) 燃气透平进气冷却提高机组效率可行性技术研究

东方终端自备一台 UGT6000 燃气轮机发电机组。UGT6000 燃气轮机发电机组为整个东方终端提供生产与生活用电。由于燃气轮机的特性，其实际出力受环境温度影响很大，进气温度升高，燃机出力下降非常明显。根据东方终端现场统计数据，冬季（进气平均温度 25℃）UGT6000 自备电站的平均发电功率可达到或超过 5000kW，而夏季（进气平均温度 35℃）平均发电功率仅约 3500kW。由于东方终端地处热带地区，年均温度高达 28.7℃，高于 30℃的时间超过半年，夏季进气温度甚至可高达 38℃以上，过高的环境温度严重限制燃气透平出力。为了提高燃气轮机的实际出力，简单有效的方法就是降低其进气温度。通过在燃气轮机入口增设溴化锂吸收式制冷机，既可以充分利用燃气轮机的高温余热，又可以降低进气温度，提高透平出力，减少东方终端外购电量。燃气透平进气冷却提高机组效率可行性技术研究计划和目标如表 2-1 所示。

(3) 涠洲终端透平余热发电

涠洲终端建设时安装有四台西门子公司生产的 Typhoon73 型燃气轮机发电机组，为满足日益增长的电力负荷需求，“十二五”期间，扩建了两台 6MW UGT6000

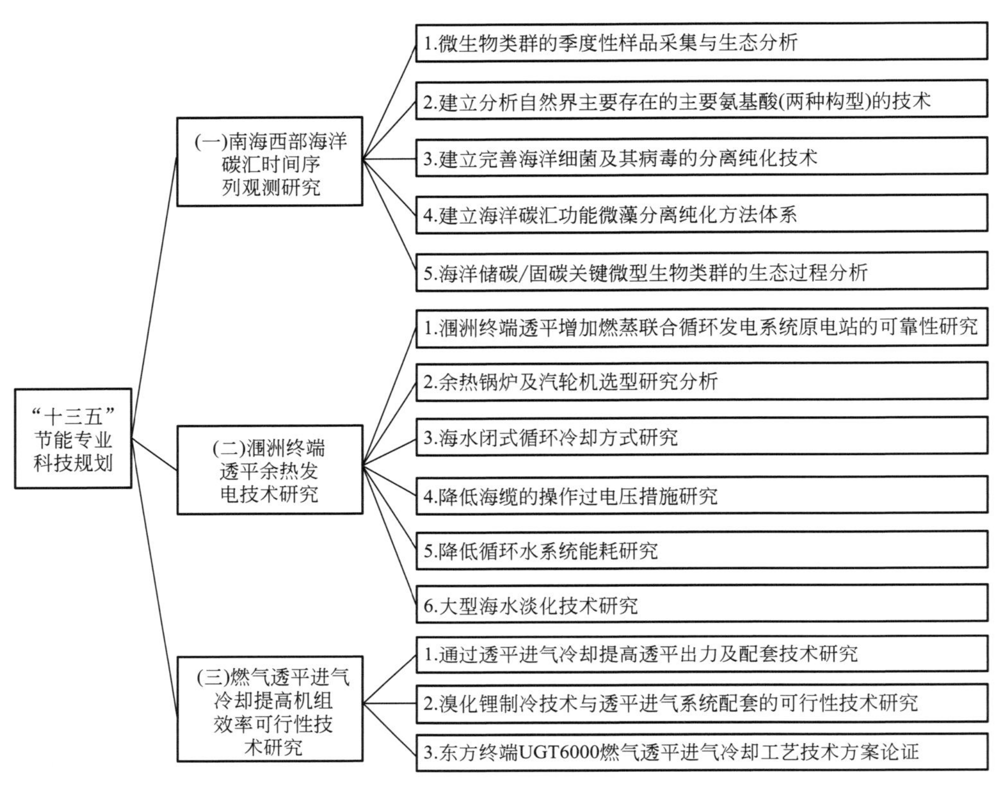

图 2-2　湛江分公司"十三五"节能规划总体技术路线图

表 2-1　燃气透平进气冷却提高机组效率可行性技术研究计划和目标

研究内容	
通过透平进气冷却提高透平出力及配套技术研究；溴化锂制冷技术与透平进气系统配套的可行性技术研究	
分年实施计划	
2016 年	对东方终端燃气透平机组进行现场调研并进行生产科研项目立项，开展相关技术研究；调研国内外成功技术，进行工艺技术分析和筛选；透平进气冷却技术研究和适用性评价；东方终端 UGT6000 燃气透平进气冷却工艺技术方案论证
2017 年	东方终端 UGT6000 燃气透平进气冷却工艺技术方案完善，对相关工艺方案和技术进行优化；编写东方终端 UGT6000 燃气透平进气冷却可行性研究报告并组织审查
2018 年	东方终端 UGT6000 燃气透平进气冷却工艺技术方案现场运用；东方终端 UGT6000 燃气透平进气冷却项目立项；开展东方终端 UGT6000 燃气透平进气冷却项目设计工作
2019 年	东方终端 UGT6000 燃气透平进气冷却项目施工建造；东方终端 UGT6000 燃气透平进气冷却项目投用
2020 年	东方终端 UGT6000 燃气透平进气冷却项目验收及后评估；成果总结

续表

任务目标
(1)东方终端 UGT6000 自备电站透平机组进气冷却技术研究及运用，不仅可以起到很好的节能效果，同时它也是中海油系统内第一个热电冷三联供项目，将为今后在总公司系统内推行类似的改造项目提供必要的实践经验。 (2)提高透平发电机组的功率：溴化锂空调产生的 3000kW 制冷量供 UGT6000 进气冷却，能够将透平发电机组现场出力维持在 5000kW 左右，机组功率平均可提高约 1000kW。 (3)节约能源：产生的 15t 蒸汽能够减少原有锅炉的热负荷，替代现有锅炉的部分热负荷(整合 Solar Centaur40 机组与 UGT6000 余热)。 (4)减少碳排放：每年可减少温室气体排放 32000t(CO_2)。 (5)获得透平机组进气温度与透平出力的关系曲线。 (6)掌握提高透平机组出力的措施。 建立透平机组进气冷却技术体系

型燃气轮机发电机组。这些燃气轮机均采用简单循环运行方式，天然气燃料的能量除 28%左右用于发电外，其余大部分热能都通过燃气轮机烟气直接排入大气，不仅造成了环境的热污染，增加了二氧化碳的排放，更是一种能源的浪费。因此，湛江分公司决定针对涠洲终端四台 Typhoon73 型燃气轮机发电机组和两台 UGT6000 型燃气轮机发电机组烟气余热利用的可行性进行相关的技术研究。随着涠洲油田群的开发，涠洲油田所需电负荷必将继续增大，因此，需要减少尾气直排，并利用燃气轮机烟气余热以满足增长的电力需求。项目预计投资 9000 万元，可实现新节能量超过每年 1 万吨标准煤。涠洲终端透平余热发电可行性技术研究计划和目标如表 2-2 所示。

表 2-2　涠洲终端透平余热发电可行性技术研究计划和目标

研究内容	
(1)涠洲终端透平增加燃蒸联合循环发电系统之后原电站的可靠性研究； (2)燃气轮机机组在各种工况下的发电能力研究，分析实际的发电能力是否满足 WZ12-2 WHPB 用电的需求； (3)余热锅炉及汽轮机选型研究分析； (4)海水闭式循环冷却方式研究； (5)涠洲终端至涠洲 12-1PAP 平台 3mm×185mm 海缆可靠性研究； (6)降低海缆的操作过电压措施研究； (7)降低循环水系统能耗研究； (8)大型海水淡化技术研究	
分年实施计划	
2016 年	(1)涠洲终端透平增加燃蒸联合循环发电系统之后原电站的可靠性研究； (2)燃气轮机机组在各种工况下的发电能力研究，分析实际的发电能力是否满足 WZ12-2 WHPB 用电的需求； (3)涠洲终端至涠洲 12-1PAP 平台 3mm×185mm 海缆可靠性研究； (4)降低海缆的操作过电压措施研究； (5)项目设计及采办

续表

<table>
<tr><th colspan="2">分年实施计划</th></tr>
<tr><td>2017 年</td><td>(1)项目施工；
(2)项目调试及投用；
(3)项目验收及后评估</td></tr>
<tr><td>2018 年</td><td>(1)东方终端 UGT6000 燃气透平进气冷却工艺技术方案现场运用；
(2)东方终端 UGT6000 燃气透平进气冷却项目立项；
(3)开展东方终端 UGT6000 燃气透平进气冷却项目设计工作</td></tr>
<tr><td>2019 年</td><td>(1)东方终端 UGT6000 燃气透平进气冷却项目施工建造；
(2)东方终端 UGT6000 燃气透平进气冷却项目投用</td></tr>
<tr><td>2020 年</td><td>(1)项目总结推广；
(2)项目专利申请；
(3)申报科技进步奖</td></tr>
<tr><th colspan="2">任务目标</th></tr>
<tr><td colspan="2">(1)建立分公司透平机组余热发电技术体系；
(2)该项目投产后，涠洲终端透平发电机全站效率从 25.6%提高到 36.63%；
(3)联合循环中的汽轮机发电功率为 8791kW，折算成燃气轮机简单循环，需消耗天然气(标准)4976m^3/h。按年运行 8000h 计算，相当于年节约天然气 39805648m^3；
(4)根据汽轮机发电量 8791kW，自耗 700kW，净出力 8091kW，年运行 8000h 计算，折算成标准煤，每年可以节约 22654t，减排二氧化碳 49385t、二氧化硫 1535t、氮氧化物 747t、烟尘 217t</td></tr>
</table>

2.2 纵横织就管理体系网络

湛江分公司节能减排管理体系包括法律法规、节能增效及能源管理体系、能源消耗定额体系及节能评价指标体系及其他节能管理制度等。湛江分公司节能减排管理体系网络图如图 2-3 所示。

2.2.1 汇编法律法规并开展适用性评价

湛江分公司组织对节能法律法规进行了汇编，包括 5 部国家节能法律法规及 23 项国家、地方政府的节能管理办法和相关通知等。法律法规分别为《中华人民共和国节约能源法》《中华人民共和国水法》《中华人民共和国清洁生产促进法》。节能管理办法和相关通知包括《重点用能单位节能管理办法》《节约用电管理办法》《关于财政奖励合同能源管理项目有关事项的补充通知》《合同能源管理项目财政奖励资金管理暂行办法的通知》《关于印发千家企业节能行动实施方案的通知》《中国节能技术政策大纲》《中国工业节水技术政策大纲》《“十二五”节能减排全民行动实施方案》等。

湛江分公司依照 GB/T 23331—2012/ISO 50001—2011 标准中的“合规性评

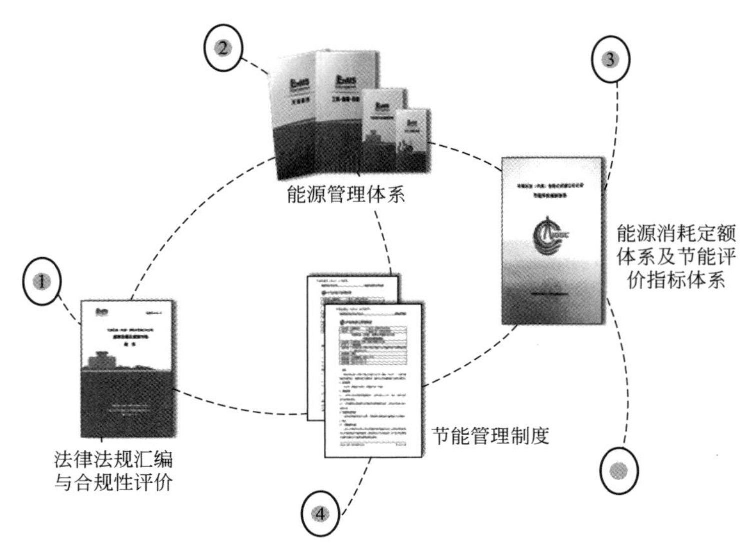

图 2-3　湛江分公司节能减排管理体系网络图

价”要素，2013 年组织对湛江分公司必须遵守的适用性能源管理法律法规和其他要求等进行了全面的检查和评价。开展合规性评价工作的目的是让员工熟悉节能法律法规，并确保公司节能工作遵守能源管理法律、法规和其他要求；有效实施节能规划，确保公司顺利完成节能目标任务。

（1）应遵循的相关能源管理法律法规和其他要求

评价工作小组评审后确定应遵循的相关能源管理法律法规和其他要求共计 30 条，收集范围包括国家、各部委法律法规及其他要求共 24 条，广东省法规及其他要求 3 条，湛江市法规及其他要求 3 条。

（2）获取和识别适用的能源管理法律法规和其他要求情况

湛江分公司在 2012 年建立《节能增效及能源管理体系》时，就根据 GB/T 23331—2012/ISO 50001—2011 标准制定了所应严格遵守的能源管理法律法规、标准规范及其他要求。公司节能办公室在适用性评价中查阅了国家、省、市级文件资料，并通过总公司规划计划部节能处和湛江市节能监测中心机构等渠道获取法律法规信息，并按照工作程序进行识别、确认适用的能源管理法律法规和其他要求共 30 条。按公司《节能增效及能源管理体系》所要求的工作程序，在公司所属用能单位宣传和实施。为了掌握能源管理法律法规和其他要求最新动态，建立定期信息沟通的获取渠道和定期汇总法律法规和其他要求的制度。

（3）能源管理法律法规标准和其他要求遵循情况

① 公司的一切节能工作活动应严格遵守能源管理适用的法律法规和其他要求，确保识别的法律法规、标准规范的及时性和有效性。

② 公司正有效地实施 2012～2016 年节能目标指标和方案（含总公司和广东

省的年度计划）。

③ 公司所属各油气田区域内主要能源（燃料气、电力、柴油）及新鲜水的使用过程中所产生的废弃物质排放应达到国家标准规定要求。

（4）获取和识别适用的能源管理法律法规和其他要求后的措施

① 加强了对各类能源消费的控制及管理，提高其使用效率，尽可能避免人为浪费，并加强对各用能单位监控和考核，到目前为止能源使用需严格按总公司和广东省的年度计划进行。

② 公司的重要能源管理因素得到了控制。

③ 加强了对全体员工及相关方能源管理方针、能源管理意识、能源管理处置能力的宣传，全员能源管理、法制意识得到了提高。

④ 根据合规性评价程序的要求，就能源管理因素与法律法规对应关系进行了逐项评价，形成“合规性评价记录”样表，具体见表2-3。

表2-3 湛江分公司能源管理适用法律法规及其他要求适用性评价记录样表

序号	法律法规名称	颁布单位	实施日期	适用分公司能源管理条款(摘录)
1	中华人民共和国节约能源法	全国人民代表大会	2016年7月2日	第四条　节能是国家发展经济的一项长远战略方针。 第七条　任何单位和个人都应当履行节能义务,有权检举浪费能源的行为。 第二十一条　用能单位应当按照合理用能的原则,加强节能管理,制定并组织实施本单位的节能技术措施,降低能耗。用能单位应当开展节能教育,组织有关人员参加节能培训。未经节能教育、培训的人员,不得在耗能设备操作岗位上工作。 第二十二条　用能单位应当加强能源计量管理,健全能源消费统计和能源利用状况分析制度
2	中华人民共和国水法	全国人民代表大会	1988年12月1日	第八条　国家厉行节约用水,大力推行节约用水措施,推广节约用水新技术、新工艺,发展节水型工业、农业和服务业,建立节水型社会。各级人民政府应当采取措施,加强对节约用水的管理,建立节约用水技术开发推广体系,培育和发展节约用水产业。单位和个人有节约用水的义务。 第五十一条　工业用水应当采用先进技术、工艺和设备,增加循环用水次数,提高水的重复利用率。 第五十三条　新建、扩建、改建建设项目,应当制订节水措施方案,配套建设节水设施。节水设施应当与主体工程同时设计、同时施工、同时投产

续表

序号	法律法规名称	颁布单位	实施日期	适用分公司能源管理条款(摘录)
3	中华人民共和国清洁生产促进法	全国人民代表大会	2002年6月29日	第十二条　国家对浪费资源和严重污染环境的落后生产技术、工艺、设备和产品实行限期淘汰制度。国务院经济贸易行政主管部门会同国务院有关行政主管部门制定并发布限期淘汰的生产技术、工艺、设备以及产品的名录。 第十八条　新建、改建和扩建项目应当进行环境影响评价,对原料使用、资源消耗、资源综合利用以及污染物产生与处置等进行分析论证,优先采用资源利用率高以及污染物产生量少的清洁生产技术、工艺和设备。 第十九条　企业在进行技术改造过程中,应当采取以下清洁生产措施: (1)采用无毒、无害或者低毒、低害的原料,替代毒性大、危害严重的原料; (2)采用资源利用率高、污染物产生量少的工艺和设备,替代资源利用率低、污染物产生量多的工艺和设备。 第二十五条　矿产资源的勘查、开采,应当采用有利于合理利用资源、保护环境和防止污染的勘查、开采方法和工艺技术,提高资源利用水平
4	重点用能单位节能管理办法	国家经济贸易委员会	1988年3月10日	第十一条　重点用能单位应建立健全节能管理制度,运用科学的管理方法和先进的技术手段,制定并组织实施本单位节能计划和节能技术进步措施,合理有效地利用能源。 第十二条　重点用能单位每年应安排一定数额资金用于节能科研开发、节能技术改造和节能宣传与培训。 第十三条　重点用能单位应健全能源计量、监测管理制度,配备合格的能源计量器具、仪表,能源计量器具的配备和管理应达到《企业能源计量器具配备和管理导则》规定的国家标准。 第十六条　重点用能单位应建立有利于节约能源、降低消耗、提高经济效益的节能工作责任制。明确节能工作岗位的任务和责任,通过岗位责任制和能耗定额管理等形式将能源使用管理制度化,落实到人,纳入经济责任制。 第十七条　重点用能单位应开展节能宣传与培训。主要耗能设备操作人员未经节能培训不得上岗

续表

序号	法律法规名称	颁布单位	实施日期	适用分公司能源管理条款(摘录)
5	节约用电管理办法	国家经济贸易委员会、国家发展计划委员会	2000年12月29日(国经贸资源〔2000〕1256号)	第十七条　鼓励下列节约用电措施: (1)推广绿色照明技术、产品和节能型家用电器; (2)降低发电厂用电和线损率,杜绝不明损耗; (3)鼓励余热、余压和新能源发电,支持清洁、高效的热电联产、热电冷联产和综合利用电厂; (4)推广用电设备经济运行方式; (5)加快低效风机、水泵、电动机、变压器的更新改造,提高系统运行效率; (6)推广高频可控硅调压装置、节能型变压器; (7)推广交流电动机调速节电技术; (8)推行热处理、电镀、铸锻、制氧等工艺的专业化生产; (9)推广热泵、燃气-蒸汽联合循环发电技术; (10)推广远红外、微波加热技术; (11)推广应用蓄冷、蓄热技术
6	国家发展改革委办公厅、财政部办公厅关于财政奖励合同能源管理项目有关事项的补充通知	国家发展改革委员会	2010年10月19日	二、财政奖励资金支持的项目内容主要为锅炉(窑炉)改造、余热余压利用、电动机系统节能、能量系统优化、绿色照明改造、建筑节能改造等节能改造项目,且采用的技术、工艺、产品先进适用。 三、属于下列情形之一的项目不予支持。 (1)新建、异地迁建项目。 (2)以扩大产能为主的改造项目,或"上大压小"、等量淘汰类项目。 (3)改造所依附的主体装置不符合国家政策,已列入国家明令淘汰或按计划近期淘汰的目录。 (4)改造主体属违规审批或违规建设的项目。 (5)太阳能、风能利用类项目。 (6)以全烧或掺烧秸秆、稻壳和其他废弃生物质燃料,或以劣质能源替代优质能源类项目。 (7)煤矸石发电、煤层气发电、垃圾焚烧发电类项目。 (8)热电联产类项目。 (9)添加燃煤助燃剂类项目。 (10)2007年1月1日以后建成投产的水泥生产线余热发电项目,以及2007年1月1日以后建成投产的钢铁企业高炉煤气、焦炉煤气、烧结余热余压发电项目。 (11)已获得国家其他相关补助的项目

2.2.2　建立能源管理体系并设计载体

在能源管理方面,湛江分公司秉承"节能、增效、低碳、创新"的理念,持续开展海上油气田天然气综合利用、电力组网、余热余压利用等技术的攻关和推广应用，进一步巩固和扩大节能成果，充分实践，不断提升，建立了湛江分公司节能增效与能源管理体系。

节能增效与能源管理体系，即 EnMS（energy efficiency & energy management system），是湛江分公司依据《国际能源管理标准》《节约能源法》《能源管理体系要求》《能源管理体系实施指南》等一系列法规和标准，建立的一套完整的、适用于整个南海西部油田的能源管理体系。EnMS 从系统化管理的全过程出发，内容包括《管理手册》《关键程序》《工具、指南》《员工节能手册》4 个部分，并辅以其他推广载体进行宣传和教育。

2.2.2.1 能源挑战分析

能源是企业生产经营活动的重要成本，能源的利用效率直接影响企业的运营成本控制。为了适应市场的激烈竞争，企业需要通过科学的节能增效管理，有效提高能源利用率，提升市场竞争力。企业生产过程中排放的“三废”（废气、废水、废渣）已经导致了越来越严重的环境污染和破坏，直接影响了人们的生命健康。最大限度地减少污染物的排放，改善生态环境，是企业义不容辞的社会责任。当代资源的严重消耗，尤其是不可再生资源的严重消耗，向人类的发展提出了严峻的挑战。企业必须注重可持续发展，合理开发和利用自然资源；企业作为社会团体，对资源和环境的可持续发展负有不可推卸的责任；企业通过技术革新，可减少生产活动各个环节对环境造成的污染，在履行社会责任的同时，也能够降低企业能耗，节约企业资源，减少企业生产成本，使企业产品价格更具竞争力。

2.2.2.2 能源管理理念和承诺

湛江分公司根据国家能源管理法律法规及标准的要求、总公司能源管理方针和政策，结合自身的能源管理现状，明确能源管理理念为节能、增效、低碳、创新。节能即为节约能源、降低能耗；增效即为提高能效、降低成本；低碳即为绿色低碳、保护环境；创新即为技术创新、管理创新。

湛江分公司为构建资源节约型和环境友好型企业，坚持实施“能源开发与节约并重，把节约和环保放在优先地位”的战略，为确保实现公司的节能环保目标，明确能源管理承诺如下：

（1）系统管理

建立和完善能源管理体系，定期进行内部审核和管理评审，并通过持续改进，确保其有效运行；用系统的管理方法，定期开展能源评审并改进。

（2）目标管理

制定适宜的能源管理方针和目标，作为分公司发展方向和战略目标的组成部分。

（3）遵守法规

严格遵守能源管理适用的法律法规、标准规范及其他要求，确保识别的法律法规、标准规范的有效性，并在分公司范围内宣传实施。

(4) 领导表率

各级管理人员以身作则，以实际行动带动员工积极参与分公司的能源管理活动。

(5) 全员参与

号召全员参与，营造节能氛围，树立节能观念，增强全体员工节能意识，不断提高能源管理绩效；大力宣传节能降耗和厉行节约，提高能源、资源的使用效率。

(6) 责任分明

建立完善的节能组织机构，明确岗位责任制，激励和表彰节能增效工作中贡献突出的单位和个人。

(7) 资源保障

配备足够的能源管理体系所需的人力、物力、财力和技术资源。

(8) 坦诚公开

定期公布节能增效业绩，实事求是，追求卓越。

2.2.2.3 体系框架以及文件架构

(1) 体系框架

总体划分为五大模块：方针承诺、能源策划、实施运行、检查纠正和管理评审。通过整个体系的运行，来实现公司能源管理绩效的持续改进。

能源管理体系（EnMS）框架为湛江分公司能源管理提出了系统的要求（包括 12 个要素），明确了湛江分公司的能源管理要求，确定了能源管理的方向，通过能源评审来计划和分配需要的人力、物力资源，不断改善能源管理绩效，切实建立起持续改进的管理循环。能源管理体系框架如表 2-4 所示。

表 2-4 能源管理体系框架

五大模块	12 要素
方针承诺	要素 1:责任与承诺
能源策划	要素 2:法律、法规要求
	要素 3:能源评审管理
	要素 4:目标指标与方案
实施运行	要素 5:设计和建造
	要素 6:运行控制
	要素 7:设备配置与能源采购
	要素 8:人员能力与培训
	要素 9:监测和计量
	要素 10:文件与记录
检查纠正	要素 11:绩效监控
管理评审	要素 12:评审与改进

（2）文件架构

湛江分公司能源管理体系文件是在管理体系框架的基础上，针对不同层次的管理组织，建立起相应的管理要求与指南，指导各级管理人员的日常能源管理工作。湛江分公司能源管理体系文件结构与内容的对应关系如图 2-4 所示。

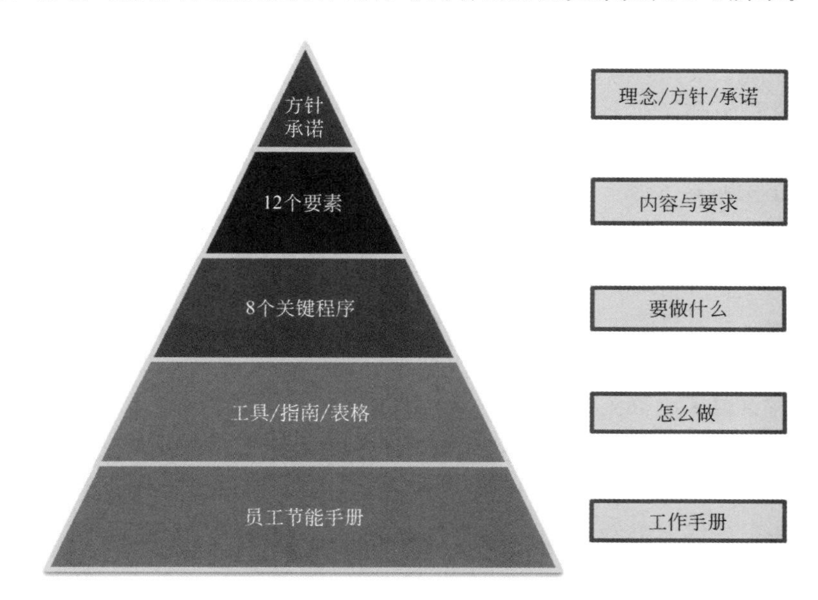

图 2-4　湛江分公司能源管理体系文件结构与内容的对应关系

12 个要素是按照湛江分公司生产作业及相关业务活动中的关键控制点来分类的，主要包括责任与承诺，法律、法规要求，能源评审管理，目标指标与方案，设计和建造，运行控制，设备配置与能源采购，人员能力与培训，监测和计量，文件与记录，绩效监控，评审与改进。

关键程序对分公司各级节能管理人员明确了能源管理要求。各级管理人员必须根据能源管理“关键程序”的要求，认真履行管理职责，切实将能源管理融入日常工作管理过程中，努力达到公司的节能增效绩效目标。关键程序主要包括能源评审、节能计划管理、节能项目管理、固定资产投资项目节能评估和审查管理、能耗设备管理、能源计量器具管理、文件与记录控制、能源数据管理与节能考核。

工具、指南和表格是对能源管理体系程序文件的进一步细化和展开，更详细地规定了一些能源管理和能源利用活动的具体内容是如何开展的，对企业能源管理体系的有效运行起着举足轻重的作用。主要是对能源管理体系中涉及的重要管理工具、方法进行应用展示，对能源管理体系中涉及的较为重要的关键点进行指导或建议性要求、指引。对于工具部分，主要是对能源管理涉及的重要工具方法进行阐述，并配以实际应用案例的展示。对于指南部分，主要是对能源管理中一些较为关键的点或者企业发展方向中关于能源管理的规划性建设或起步建设进行建议性要求或指导。对于表格部分，主要是能源管理中使用到的全部表格模板，便于统一规范整个企业能源管理中的表格、表单；涉及节能量计算方法、能效核算方法、能源审计方法、能流图绘制方法、能源计量网络图绘制方法、能耗指标方法和能量平衡计算方法等。

员工节能手册是以普及整个企业员工的节能知识，提高企业员工的节能意识为宗旨开发出来的。在全面涵盖节能基础知识的同时，又结合海上油气田生产领域内的节能知识和节能改造案例，附有节能考核知识的题库，便于员工日常进行节能知识自我检测；主要内容包括什么是节能增效与能源管理体系，节能基础知识，油气田开发生产过程节能，办公节能技巧，生活节能技巧，优秀生产节能案例等。

2.2.2.4 湛江分公司能源管理体系特色做法

节能增效与能源管理体系实施运行以来，对湛江分公司能源管理水平提升发挥了重要的作用，通过体系化管理取得了丰硕的能源管理成果。

湛江分公司能源管理体系配套有系列的宣传载体，包括节能扑克牌、节能宣传片以及知识竞赛等。宣传主题为“节约能源，保护环境”，内容包括体系知识点、节能知识、优秀案例。扑克牌及多媒体的形式，寓教于乐，让员工在娱乐的过程中也能够感受到节能氛围，学习节能知识，将节能环保带进日常生活，在潜移默化中提高员工的节能意识。节能扑克牌和节能宣传片如图 2-5 所示。

(a)

(b)

图 2-5　节能扑克牌和节能宣传片

《节能增效与能源管理体系》知识比赛为湛江分公司的固定节能活动。比赛分为笔试、知识竞赛、节能创意展示三个环节，重点检验各位选手节能常识、能源管理知识、能源管理工具的了解情况。能源管理体系知识竞赛如图2-6所示。

(a)

(b)

图2-6 能源管理体系知识竞赛

湛江分公司利用推行能源管理体系的契机，规范了各作业公司及现场各装置的节能文档。节能办公室建立了作业公司及现场各装置节能文档管理索引表格，罗列出了各文件夹的编号、文件内容、记录要求及存档部门和岗位。部分装置还建立了节能电子化管理系统，系统包括能源管理体系所有需要记录的文档，使得文档记录没有漏洞。节能文档管理示意图如图2-7所示。

为了建立体系运行的长效机制，湛江分公司每年组织开展节能管理体系的内审工作。内审结果表明：体系从油气生产管理全过程出发，遵循系统管理原理，通过实施一套完整的标准、规范，在组织内建立起一个完整有效的、形成文件的管理体系，建立和实施过程的控制，使组织的活动、过程及其要素不断优化，通过体系的运行，实现了公司能源管理绩效的持续改进。同时发现了体系存在的不足，予以改进。

2.2.2.5 湛江分公司能源管理体系典型程序和指南

(1) 合同能源管理程序

① 合同能源管理简述　合同能源管理是指节能服务公司与用能单位以契约形式约定节能项目的节能目标，节能服务公司为实现节能目标向用能单位提供必要的服务，用能单位以节能效益支付节能服务公司的投入及其合理利润的节能服务机制。合同能源管理项目是指以合同能源管理机制实施的节能项目。节能服务公司是指提供用能状况诊断、节能项目设计、融资、改造（施工、设备安装、调试）、运行管理等服务的专业化公司。

能耗基准是指由用能单位和节能服务公司共同确认的，用能单位或用能设备、环节在实施合同能源管理项目前某一时间段内的能源消耗状况。项目节能量

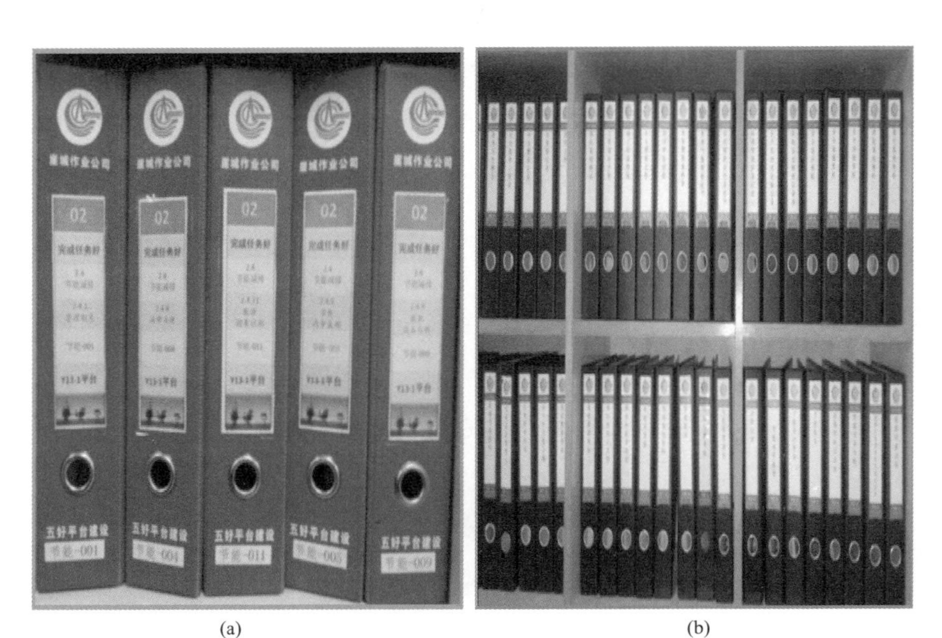

(a)　　　　　　　　　　(b)

(c)

图 2-7　节能文档管理示意图

是指在满足同等需求或达到同等目标的前提下，通过合同能源管理项目实施，用能单位或用能设备、环节的能源消耗相对于能耗基准的减少量。

为规范合同能源管理，调动社会资金和技术参与节能改造，最大限度地降低湛江分公司节能改造的资金和技术风险，湛江分公司节能增效与能源管理体系中包含了合同能源管理程序。

② 管理职责　节能办公室负责湛江分公司合同能源管理项目的立项、资质审查、实施跟踪、监督考核等工作；对各作业公司提交的项目计划进行审核和确认，并报节能工作领导小组审核批准；规范并检查各作业公司上报的合同能源管理项目文件资料；负责湛江分公司合同能源管理项目的验收工作。

各作业公司申请提出合同能源管理项目计划，审核汇总后报送湛江分公司节能办公室。节能办公室负责对节能服务公司提供支持和指导，对项目实施过程监督及审查；节能服务公司接受节能办公室对节能合同能源管理项目的实时跟踪、监督考核并总结改进。

③ 管理流程

a. 与节能服务公司接触　分公司节能办公室与节能服务公司进行初步接触，了解节能服务公司的基本情况、节能技术解决方案、业务运作模式及可给分公司带来的效益等，初步确定改造意向。

b. 能源审计　针对具体情况，对各种耗能设备和环节进行能耗评价，测定分公司当前能耗水平。由节能服务公司的专业人员对能源状况进行测算，对所提出的节能改造的措施进行评估。

c. 改造方案设计　在能源审计的基础上，由节能服务公司提供节能改造方案的设计，包括项目实施方案和改造后节能效益的分析及预测，节能改造方案必须统筹考虑，兼顾现有用能系统的优化和分公司中长期能源规划的需求。实施节能改造必须细化施工方案，考虑作业环境特点，尽可能减少对工作的影响。

d. 谈判与签署　在节能诊断和改造方案设计的基础上，进行节能服务合同的谈判。在通常情况下，由于节能服务公司为项目承担大部分风险，因此在合同期（一般为 3～10 年左右）节能服务公司分享项目的大部分经济效益，小部分的经济效益留给用户。待合同期满，节能服务公司不再和用户分享经济效益，所有经济效益全部归用户。

e. 项目投资　合同签定后，进入了节能改造项目的实际实施阶段。由于接受的是合同能源管理的节能服务新机制，分公司在改造项目的实施过程中，不需要任何投资，分公司根据项目设计负责原材料和设备的采购，其费用由节能服务公司支付。

f. 项目投资　合同签署后，节能服务公司提供项目设计、项目融资、原材料和设备采购、施工安装和调试、运行保养和维护、节能量测量与验证、人员培训、节能效果保证等全过程服务。

g. 培训　在完成设备安装和调试后即进入试运行阶段，节能服务公司还将负责培训分公司的相关人员，以确保能够正确操作及保养、维护改造中所提供的先进的节能设备和系统。在合同期内，设备或系统的维修由节能服务公司负责，并承担有关的费用。

h. 能耗基准、节能量监测　能耗基准核定和节能量测算是合同能源管理谈判过程中最关键的部分，能耗基准指的是由用能单位和节能服务公司共同确认，用能单位或用能设备、环节在实施合同能源管理项目前某一时间段内的能源消耗状况。节能量是指在满足同等需求或达到同等目标的前提下，通过合同能源管理项目实施，用能单位或用能设备、环节的能源消耗相对于能耗基准的减少量。改造工程完工前后，节能服务公司与分公司共同按照合同约定的测试、验证方案对项目能耗基准和节能量、节能率等相关指标进行实际监测，有必要时可委托第三方机构完成节能量确认。节能量作为双方效益分享的主要依据。

i. 效益分享　由于对项目的全部投入（包括节能诊断、设计、原材料和设备的采购、土建、设备的安装与调试、培训和系统维护运行等）都是由节能服务公司提供的，因此在项目的合同期内，节能服务公司对整个项目拥有所有权。分公司将节能效益中应由节能服务公司分享的部分按月度或季度支付给节能服务公司。在根据合同所规定的费用全部支付完毕以后，节能服务公司把项目交给分公司，分公司即拥有项目的所有权。

④ 节能运行管理和节能评估　节能服务公司主要负责日常运行管理，及时完整地对设备运行状况和能耗数据进行登记管理，各作业公司可派专人进行监督，双方可以定期对运行管理中出现的问题及能耗情况做出分析和探讨，同时还可提出改进的方法。节能评估工作一般在节能改造结束正常运行周期后进行。

a. 评估分析合同能源管理项目是否符合国家和地方的法律、法规、规划、产业政策、行业准入条件以及相关标准、规范等的要求。

b. 对合同能源管理项目工艺工序以及工艺设备在能源消耗方面是否先进可行，进行评估。

c. 阐述建设合同能源管理项目设计用能的情况，以科学、严谨的评估方法，客观、全面地分析合同能源管理项目合理用能的先进点和薄弱环节，判定合同能源管理项目合理用能的政策符合性、科学性、可行性，提出合理用能的建议措施。

d. 根据节能评估的结论和建议，为实现国家、地方有关节能的宏观政策目标，加强合同能源管理项目合理用能管理，从源头严把节能关。

（2）淘汰电动机管理程序

高效电动机是指达到或优于 GB 18613—2012《中小型三相异步电动机能效限定值及能效等级》标准中节能评价值的电动机。为了规范电动机淘汰管理程序，遵循国家法律法规要求，提高电动机等设备能效，降低生产消耗，湛江分公司节能增效与能源管理体系包含淘汰电动机管理程序。

① 管理职责　节能办公室负责搜集并下达关于高耗能电动机淘汰的有关国家法律法规及标准要求；对作业公司提出的电动机淘汰计划和节能改造方案进行审核；负责作业公司淘汰高耗能电动机情况的监督工作；对已确定的淘汰电动机进行统一处理。

各作业公司严格负责本单位淘汰电动机和设备的计划和实施工作；根据实际装备情况，制定电动机系统节能改造方案，并报送节能办公室进行审核；淘汰低效电动机的同时，建立淘汰电动机的设备台账和技术资料登记、汇总管理工作。

② 管理要求

a. 严控改造和新增高效电动机及供配电设备的质量关。对耗能设备的采购一律采用高效电动机和供配电设备。

b. 公司范围内的各新建、改建和扩建工程，电动机只允许使用国家允许范围内的高效能电动机。

c. 坚持按计划和分批次推进原则。采取逐步淘汰和改造提升相结合措施，对在用高耗能设备进行升级，最终实现高效设备的增量提升。

d. 根据实际装备情况，制定电动机系统节能改造计划方案，内容包括：明确的电动机系统能效提升目标；节能改造重点及措施（包括以旧换新、电动机高效再制造及电动机系统技术改造等内容）；总投资及实施进度等内容。

e. 采用适宜的技术：如变频（或极）调速、相控调压、功率因数补偿等方法，对低效运行的风机、泵、压缩机等电动机系统进行适应性节能改造。

f. 符合下列条件之一的电动机设备应当淘汰更新：

（a）经过预测、继续修理后技术性能仍不能满足工艺要求。

（b）设备老化、技术性能落后、耗能高、效率低、经济效益差者。

（c）严重污染环境、危及人身安全与健康、进行改造又不经济者。

（d）因自然灾害或重大恶性事故造成固定资产破坏确实无法修复者。

（e）法律法规规定的高耗能电动机设备。

g. 根据淘汰条件，各作业公司将要淘汰电动机汇总后报送节能办公室批准。

h. 待淘汰电动机未批准前应妥善保管，不得擅自处理。

i. 淘汰设备应及时拆离现场，不得继续使用。

（3）绿色工厂创建管理指南

绿色工厂的创建主要包括绿色工厂规划、资源节约、能源节约、清洁生产、废物利用、温室气体和污染物排放等方面内容。节能办公室制定开展绿色工厂的中长期规划及年度目标、指标和实施方案。方案可行时，指标应明确且可量化。绿色工厂创建的一般性内容如下：

① 建筑　工厂的建筑应满足国家或地方相关法律法规及标准的要求，并从建筑材料、建筑结构、采光照明、绿化及场地、再生资源及能源利用等方面进行

建筑的节材、节能、节水、节地及可再生能源利用。适用时，工厂的厂房应尽量采用多层建筑。

对于新建、改建和扩建工程，根据规模生产的特点多采用一次规划、分期实施，厂房分期建设、设备分期采购，产品分期投入的方式以满足生产和企业发展的要求，总体工艺设计应充分考虑分期衔接，实现投资的技术经济合理性及资源、能源的高效利用，预留太阳能光伏等可再生能源应用场地和设计负荷，考虑与所在园区产业耦合度高，充分利用园区的配套设施。

② 照明　充分利用自然采光、优化窗墙面积比、屋顶透明部分面积比，不同场所的照明应进行分级设计，公共场所的照明应采取分区、分组与定时自动调光等措施。

③ 能源与资源投入

a. 能源投入　工厂应优化用能结构，在保证安全、质量的前提下减少能源投入，宜使用可再生能源替代不可再生能源。

b. 资源投入　工厂应减少材料、尤其是有害物质的使用，评估有害物质及化学品减量使用或替代的可行性，宜使用回收料、可回收材料替代新材料、不可回收材料，宜替代或减少全球增温潜势较高的温室气体的使用。

④ 产品评价指标

a. 一般要求　工厂宜生产符合绿色产品要求的产品。

b. 生态设计　工厂生产的产品宜进行生态设计。

c. 有害物质限制使用　工厂生产的产品应减少有害物质的使用。

d. 节能　工厂生产的产品若为用能产品，则应满足相关产品的能效标准要求。

e. 碳足迹　工厂宜采用适用的标准或规范对产品进行碳足迹核查，核查结果宜对外公布。工厂应利用核查结果对其产品的碳足迹进行改善。

f. 可回收利用率　工厂应按照 GB/T 20862 的要求计算其产品的可回收利用率，并利用计算结果对产品的可回收利用率进行改善。

⑤ 环境排放

a. 大气污染物　工厂的大气污染物排放应符合相关国家标准及地方标准要求。

b. 水体污染物　工厂的水体污染物排放应符合相关国家标准及地方标准要求。

c. 固体废弃物　工厂产生的固体废弃物的处理应符合相关拆解处理标准要求。工厂无法自行处理的，应将固体废弃物转交给具备相应能力和资质的处理厂进行处理。

d. 噪声　工厂的厂界环境噪声排放应符合相关国家标准及地方标准要求。

e. 温室气体　工厂应采用适用的标准或规范对其厂界范围内的温室气体排放

进行核查，核查结果宜对外公布。工厂应利用核查结果对其温室气体的排放进行改善。

⑥ 环境绩效　工厂应依据相关标准提供的方法计算或评估其绩效，并利用结果进行绩效改善。其中，各项绩效指标应至少满足行业准入要求，综合绩效指标应达到行业先进水平。

2.2.3　建立能源消耗定额指标体系与评价指标体系

2.2.3.1　能源消耗定额指标体系

为了规范各级能源消耗指标制定的原则及管理要求，湛江分公司依据总公司《能源消耗定额指标体系》建立了一级定额指标及二级定额指标。一级定额指标是针对作业公司层面，包括单位油气产量能耗；单位油气产量新水用量。二级定额指标是针对油气田层面，包括单位油气产量能耗、透平发电机单位发电量燃料气消耗量、脱碳装置单位脱碳量能耗等。

（1）体系框架与体系表

湛江分公司能源消耗定额指标体系由二级构成，分别为一级定额指标、二级定额指标。一级定额指标主要为用于湛江公司统计、考核所属作业公司的能源消耗定额指标。一级定额包括单位产量综合能耗、单位油气产量新水用量能源消耗定额指标。二级定额指标主要为用于湛江分公司所属作业公司统计、考核现场各装置用能水平的能源消耗定额指标。二级定额指标主要包括陆上终端单位油气处理量综合能耗、海上各油气田单位产量综合能耗、各装置单位产量新鲜水用量、各装置透平发电机单位发电量燃料气消耗量、脱碳装置单位脱碳量电耗、脱碳装置单位脱碳量蒸汽消耗、脱碳装置单位脱碳量淡水消耗。湛江分公司能源消耗定额指标体系框架如图 2-8 所示，湛江分公司能源消耗定额指标体系表见表 2-5。

表 2-5　湛江分公司能源消耗定额指标体系表

指标分类		指标名称
一级定额指标	涠洲作业公司一级能源消耗定额指标	单位产量综合能耗
		单位油气产量新水用量
	东方作业公司一级能源消耗定额指标	单位产量综合能耗
		单位油气产量新水用量
	文昌 13-1/2 油田作业公司一级能源消耗定额指标	单位产量综合能耗
		单位油气产量新水用量
	崖城作业公司一级能源消耗定额指标	单位产量综合能耗
		单位油气产量新水用量
	文昌油田群作业公司一级能源消耗定额指标	单位产量综合能耗
		单位油气产量新水用量

续表

指标分类		指标名称
二级定额指标	涠洲作业公司所属装置二级能源消耗定额指标	涠洲终端单位油气处理量综合能耗
		海上各油田单位产量综合能耗
		各装置透平发电机单位发电量燃料气消耗量
		各装置单位产量新鲜水用量
	东方作业公司所属装置二级能源消耗定额指标	东方终端单位油气处理量综合能耗
		海上各气田单位产量综合能耗
		各装置透平发电机单位发电量燃料气消耗量
		东方终端脱碳装置单位脱碳量电耗
		东方终端脱碳装置单位脱碳量蒸汽消耗
		东方终端脱碳装置单位脱碳量淡水消耗
		各装置单位产量新鲜水用量
	文昌 13-1/2 油田作业公司所属装置二级能源消耗定额指标	文昌 13-1/2 油田单位产量综合能耗
		南海奋进号透平发电机单位发电量燃料气消耗量
		各装置单位产量新鲜水用量
	崖城作业公司所属装置二级能源消耗定额指标	南山终端单位油气处理量综合能耗
		海上气田单位产量综合能耗
		各装置透平发电机单位发电量燃料气消耗量
		各装置单位产量新鲜水用量
	文昌油田群作业公司所属装置二级能源消耗定额指标	文昌油田群单位产量综合能耗
		海洋石油 116 透平发电机单位发电量燃料气消耗量
		各装置单位产量新鲜水用量

（2）能源消耗定额指标下达及考核

① 考核定额确定依据

a. 近 3 年的产品（工作量、价值量）单位能源消耗值；

b. 国内外同类产品（工作量、价值量）的单位能源消耗水平；

c. 单位产品能源消耗量的技术计算值、设计值；

d. 产品（工作量、价值量）能源消耗的实测数据；

e. 计划期内的生产任务、生产能力和技术经济指标；

f. 节能规划与节能目标。

② 指标下达

a. 湛江分公司节能办公室核定的一级能源消耗考核定额征求各作业公司的意见后，湛江分公司每年 12 月下达下一年度各作业公司一级能源消耗定额指标，具体指标如表 2-6 所示。

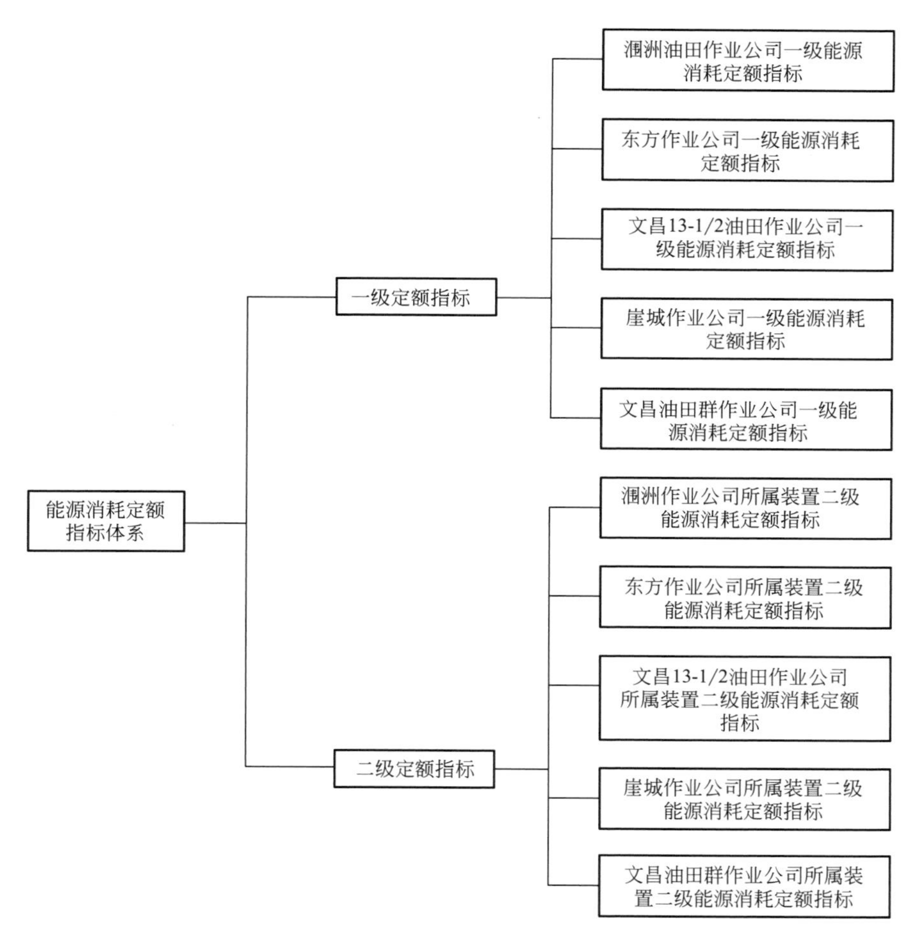

图 2-8　湛江分公司能源消耗定额指标体系框架

表 2-6　湛江分公司一级能源定额指标

部门	指标	单位	年度定额值	年度实际值
涠洲作业公司	油气生产综合能耗	t 标准煤		
	新鲜水	t		
	油气总产量	t		
	单位产量综合能耗	t 标准煤/t		
	单位油气产量新水用量	t/t		
文昌 13-1/2 油田作业公司	油气生产综合能耗	t 标准煤		
	新鲜水	t		
	油气总产量	t		
	单位产量综合能耗	t 标准煤/t		
	单位油气产量新水用量	t/t		

续表

部门	指标	单位	年度定额值	年度实际值
崖城作业公司	油气生产综合能耗	t 标准煤		
	新鲜水	t		
	油气总产量	t		
	单位产量综合能耗	t 标准煤/t		
	单位油气产量新水用量	t/t		
东方作业公司	油气生产综合能耗	t 标准煤		
	新鲜水	t		
	油气总产量	t		
	单位产量综合能耗	t 标准煤/t		
	单位油气产量新水用量	t/t		
文昌群作业公司	油气生产综合能耗	t 标准煤		
	新鲜水	t		
	油气总产量	t		
	单位产量综合能耗	t 标准煤/t		
	单位油气产量新水用量	t/t		
湛江分公司	油气生产综合能耗	t 标准煤		
	新鲜水	t		
	油气总产量	t		
	单位产量综合能耗	t 标准煤/t		
	单位油气产量新水用量	t/t		

b. 各作业公司对下属各装置的二级能源消耗考核定额由作业公司主管节能的岗位经理组织制订，征求被考核装置的意见后，报湛江分公司节能办公室审核备案，然后下达执行。具体指标如表 2-7 所示。

表 2-7　湛江分公司二级能源定额指标

部门	指标	单位	年度定额值	年度实际值
终端	单位油气处理量综合能耗	t 标准煤/t		
	单位产量新鲜水用量	t/t		
	透平发电机单位发电量燃料气消耗量	$m^3/(kW \cdot h)$		
	脱碳装置单位脱碳量电耗	$kW \cdot h/m^3$		
	东方终端脱碳装置单位脱碳量蒸汽消耗	t/m^3		
	东方终端脱碳装置单位脱碳量淡水消耗	t/m^3		
油(气)田 1	单位油气处理量综合能耗	t 标准煤/t		
	单位产量新鲜水用量	t/t		
	透平发电机单位发电量燃料气消耗量	$m^3/(kW \cdot h)$		

续表

部门	指标	单位	年度定额值	年度实际值
油(气)田2	单位油气处理量综合能耗	t标准煤/t		
	单位产量新鲜水用量	t/t		
	透平发电机单位发电量燃料气消耗量	$m^3/(kW \cdot h)$		
……	透平压缩机单位压升燃料气消耗量			

③ 指标考核及其他要求

a. 湛江分公司对所属作业公司的一级能源消耗考核定额由湛江分公司节能办公室审批下达和考核；各作业公司对所属装置的二级能源消耗考核定额由作业公司审批下达和考核。

b. 用能企业（单位）应加强能源计量管理，配备满足能源消耗定额考核需要的能源计量器具，其性能及管理要求等应符合GB 17167、GB/T 20901的规定。

c. 用能企业（单位）应以能源消耗考核定额为目标，对能源消耗状况定期进行分析，掌握各种影响能耗的因素及其变化规律，采取有效措施，挖掘节能潜力。

d. 能源主管（管理）部门应适时对能源消耗考核定额执行情况进行督促检查。

2.2.3.2 节能评价指标体系

节能评价是指公司为提高能效水平，建立节能评价指标体系，确定评价基准，并与国际国内同行业先进水平进行比较分析，发现节能绩效的改进机会，通过管理和技术手段实现能源利用水平持续改进的节能管理活动。节能评价指标体系是依据石油行业节能评价的关键因素、指标体系设计和核算方法来构建的多层次指标体系，包括节能管理评价指标体系和节能技术评价指标体系。

（1）节能评价指标体系建立原则

节能评价指标体系建立遵循6个原则：

① 全面性　确定的各项指标应能够全面反映企业的能源利用状况和节能管理水平的总体状况。

② 独立性及有效性　各指标应相对独立，减少指标的耦合现象和重复现象；每一项指标的设立都应建立在充分的论证、调研及对收集的数据进行周密、细致的统计分析基础上，指标的评价效果要灵敏。

③ 通用性　选择的指标应为行业所通用的指标数据，指标值的计算应遵循行业通用的标准和方法。

④ 代表性　节能评价应选择最有代表性的指标组成的指标体系。能够反映企业整体或某一过程能源利用效率的主要方面，或者是影响能源的重要因素。

⑤ 过程性　指标应包括主要结果指标（即最终反映能源利用状况的指标）

和过程性指标。

湛江分公司建立了节能评价指标体系的框架以及节能评价方法。

（2）节能评价指标体系框架与体系表

节能评价指标体系由节能管理评价指标和节能技术评价指标组成，节能管理评价指标是定性指标，节能技术评价指标是定量指标。节能管理评价指标包括节能组织领导、节能法律法规和标准、节能目标责任制、节能制度建设、节能精细化管理和节能技术及措施六个方面。节能技术评价指标包括节能量指标、一级能源消耗指标、二级能源消耗指标以及主要能耗设备效率指标四个方面。湛江分公司节能评价指标体系框架图如图 2-9 所示，湛江分公司节能评价指标体系表如表 2-8 所示。

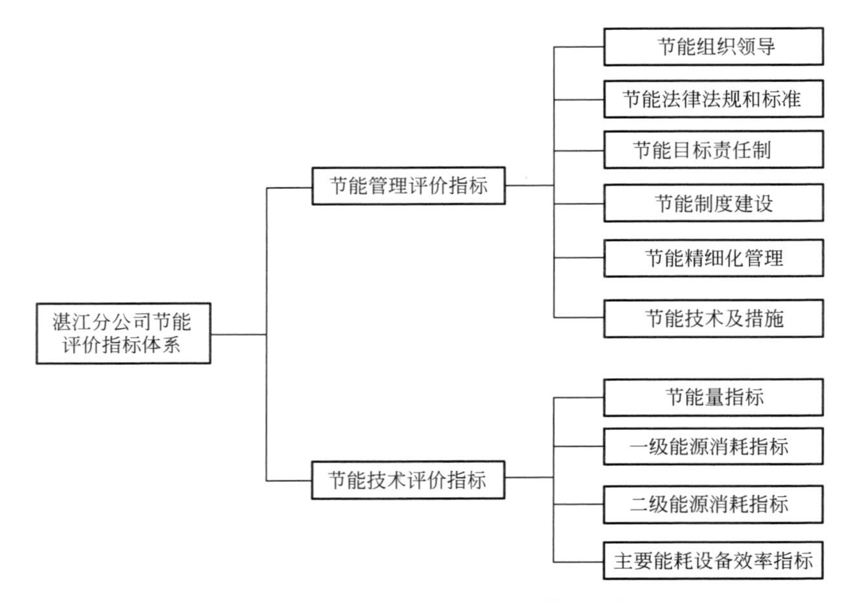

图 2-9　湛江分公司节能评价指标体系框架图

表 2-8　湛江分公司节能评价指标体系表

指标分类		权重	指标内容
节能管理评价指标	节能组织领导	8%	最高管理者应对建立、实施、保持和持续改进能源管理作出承诺，并制定本组织的能源方针
			建立节能工作领导小组
			设立节能管理岗位
	节能法律法规和标准	15%	执行节能法律法规标准
			执行节能规章制度
			执行产品能耗限额标准
			执行固定资产投资项目节能评估和审查制度

续表

指标分类		权重	指标内容
节能管理评价指标	节能目标责任制	20%	分解节能目标
			定期开展节能目标责任考核
			落实节能考核奖惩制度
			建立健全节能激励约束机制
	节能制度建设	25%	建立企业能源管理体系
			配备和管理能源计量器具
			加强能源统计分析
			执行节能工作报告制度
			开展节能监测、能源审计
			编制实施节能规划和年度计划
	节能精细化管理	16%	开展能效对标活动
			开展节能宣传教育
			开展节能培训
			借助总公司节能减排管理信息系统加强节能管理
			建立节能评价指标体系
			开展节能全民行动
			实现能耗数据在线采集、实时监测
			建立并运行能源管控中心
	节能技术和措施	16%	安排专项资金用于节能技术进步等工作
			制定实施年度节能项目实施计划
			研发和应用节能技术、产品和工艺
			淘汰落后产能和落后用能设备、生产工艺
节能技术评价指标	节能量指标	75%	此项为否定性指标
	一级能源消耗指标	15%	见Q/HS 13002
	二级能源消耗指标	5%	
	主要能耗设备效率指标	5%	发电机组效率
			加热炉热效率
			锅炉效率
			泵机组效率
			空压机效率
			……

注：各生产设施根据实际情况选择3～6个主要能耗设备效率指标进行评价。

(3) 节能评价方法

① 节能评价指标基准

a. 节能技术评价指标基准由生产工艺决定。

b. 节能管理评价基准根据表 2-9 进行确定。

表 2-9 湛江分公司节能管理评价评分表

评价项目	满分/分	项目得分	评价内容	评价情况
节能组织领导	8		总经理应对建立、实施、保持和持续改进能源管理作出承诺，并制定本组织的能源方针，得 2 分	
			①成立以总经理为组长的节能工作领导小组，得 2 分； ②定期研究部署企业节能工作，并推动工作落实，得 2 分	
			设立或指定节能管理机构并提供工作保障，得 2 分	
节能法律法规和标准	15		①建立完备的节能法律法规标准文档资料，得 2 分； ②认真贯彻执行节能法律法规标准，在当年节能专项检查、节能监测和能源审计中未发现节能违法违规行为，得 2 分。存在节能违法、违规行为不得分	
			①贯彻执行总公司节能规章制度，并结合湛江分公司实际建立本单位的节能规章制度体系，得 2 分； ②按照公司的要求开展节能工作，得 1 分	
			执行产品能耗限额标准，得 2 分。存在超能耗限额标准用能行为不得分	
			①根据国家、总公司的能源评价管理办法，建立湛江分公司的固定资产投资项目节能评估和审查制度，得 2 分； ②开展固定资产投资项目节能评估和审查，得 2 分； ③固定资产投资项目按照节能评估审查意见建设，得 2 分	
节能目标责任制	20		①节能目标分解到作业公司，得 2 分； ②作业公司将节能目标分解到生产设施，得 2 分； ③生产设施将节能目标分解到班组和岗位，得 2 分	
			①制定节能目标责任考核奖惩管理办法，得 3 分； ②定期开展节能目标责任考核，得 3 分	
			①建立健全节能激励约束制度，安排节能奖励资金，得 3 分； ②奖励在节能管理、节能挖潜降耗等工作中取得优秀成绩的集体和个人，惩罚浪费能源的集体和个人，得 3 分	
			将节能指标纳入员工业绩考核范围，得 2 分	

续表

评价项目	满分/分	项目得分	评价内容	评价情况
节能制度建设	25		①按照《能源管理体系要求》(GB/T 23331),建立作业公司管理手册及指南,得3分; ②通过管理体系评价,得2分; ③按照体系文件要求实际运行,并持续改进能源管理体系,效果明显,得1分	
			①按照有关标准开展节能监测和能源审计,得3分; ②落实节能监测和能源审计整改措施,得2分	
			①有相应的主管负责能源统计工作,得2分; ②建立能源统计报表制度并保持正常运行,得1分; ③建立健全能源消费原始记录和统计台账,得1分; ④定期开展能源统计分析,得1分	
			①按照《用能单位能源计量器具配备和管理通则》(GB 17167)要求,建立能源计量器具配备制度,得1分; ②按照《用能单位能源计量器具配备和管理通则》(GB 17167)要求,建立能源计量器具管理制度,得1分; ③能源计量器具配备符合标准要求,得1分; ④定期对能源计量器具进行检定和校准,得1分	
			①编制节能规划并每年进行滚动,得2分; ②编制节能年度计划,得1分; ③根据节能年度计划编制节能工作实施方案,得1分; ④按照节能工作实施方案组织开展节能工作,得1分	
节能精细化管理	16		①制定能效对标方案,得1分; ②组织实施,得1分	
			定期开展节能宣传教育活动,得1分	
			①定期组织对能源计量、统计、管理和设备操作人员进行节能培训,得1分; ②主要耗能设备操作人员经过培训上岗,得1分; ③有1人以上取得节能主管部门认可的能源管理师资格,得1分	
			①全面使用总公司节能减排管理信息系统,得1分; ②数据及信息填报及时,得1分; ③数据及信息填报准确,得1分	

续表

评价项目	满分/分	项目得分	评价内容	评价情况
节能精细化管理	16		①建立节能评价指标体系，得1分； ②根据湛江分公司能耗现状，参照能耗先进水平，确定公司主要单位产品或工作量能源消耗定额，得1分； ③定期开展能源消耗定额分析，得1分	
			①建立节能监督员队伍，得0.5分； ②发挥节能监督员的作用，得0.5分； ③组织职工开展以小革新、小改造、小设计、小建议、小发明等为主要内容的节能劳动竞赛等活动，得1分	
			①实现能耗数据在线采集，得1分； ②建立并运行能源管控中心，得1分	
节能技术及措施	16		①制定节能专项资金管理办法，得2分； ②每年安排专项资金，开展技术研发和改造等工作，得3分	
			①制定年度节能项目实施计划，得2分； ②按时完成年度节能项目投资计划，得3分； ③对没有按时完成年度节能项目投资计划的，按公式：(节能项目年度实际投资额/节能项目年度计划投资额)×3进行评分	
			①开展节能新技术研发和应用，得2分； ②采用节能主管部门重点推荐的节能技术、产品和工艺，得2分	
			①按规定时间和要求淘汰落后产能，得1分； ②按规定淘汰落后用能设备和生产工艺，得1分	

② 节能管理评价方法　通过听取汇报、查阅资料以及现场检查等方式，根据表2-9进行评分。

③ 节能技术评价方法

a. 选择合适的能源基准及适宜的对比目标。

b. 节能量指标、一级能源消耗指标和二级能源消耗指标的实际值为各生产设施统计的数据。主要能耗设备效率指标的实际值由第三方测试得出。

c. 一级能源消耗指标的目标值为湛江分公司单位油气产量能源消耗定额指标。

d. 二级能源消耗指标的目标值为作业公司所属生产设施的单位生产量能源消耗定额指标。

e. 主要能耗设备效率指标的目标值根据设备和系统的节能监测标准来确定。

f. 节能技术评价指标应根据节能量指标、一级能源消耗指标、二级能源消耗指标以及主要能耗设备效率指标的实际值和目标值比较得出，根据表2-10进行评分。一级能源消耗指标和二级能源消耗指标得分=(目标值/实际值)×权重分值。主要能耗设备效率指标得分=(实际值/目标值)×权重分值。每项指标得分不得超过权重分值。

表2-10　湛江分公司节能技术评价评分表

指标分类	指标名称	实际值	目标值	权重分值	得分
节能量指标(75分)	湛江分公司年度节能量				
一级能源消耗定额指标(15分)	单位油气生产综合能耗				
	单位液量生产综合能耗				
	单位天然气生产综合能耗				
二级能源消耗指标(5分)	单位天然气生产综合能耗				
	单位油气处理综合能耗				
	单位天然气处理综合能耗				
主要能耗设备效率指标(5分)	发电机组效率				
	加热炉热效率				
	锅炉效率				
	泵机组效率				
	空压机效率				
	……				

g. 节能量指标必须不低于目标值，低于目标值为零分，高于或等于目标值为权重分值。

④ 能源管理绩效综合评价

a. 节能评价指标权重根据指标在节能工作中的重要程度来确定。节能管理评价指标权重为60%，节能技术评价指标权重为40%。节能管理评价指标中，节能组织领导占8%、节能法律法规和标准占15%、节能目标责任制占20%、节能制度建设占25%、节能精细化管理占16%、节能技术及措施占16%；节能技术评价指标中，节能量指标占75%、一级能源消耗指标占15%、二级能源消耗指标占5%、主要能耗设备效率指标占5%。

b. 考虑能效水平和管理制度的权重，企业综合评价指数按公式(2-1)计算：

$$Q=T\times 40\%+M\times 60\% \tag{2-1}$$

式中，Q 为企业综合评价指数；T 为节能技术评价得分；M 为节能管理评价得分。

2.3 精细管理节能减排关键环节

2.3.1 节能工作计划精细化

为了精细管理湛江分公司节能减排工作，更好地遵守和执行国家有关节能的政策、法律、法规、标准，将节能工作落到实处，湛江分公司依据总公司及地方政府的相关要求，并结合分公司实际情况，制定年度节能工作计划及工作标准。依据《中国海洋石油有限公司节能计划管理细则》，湛江分公司制定了节能计划管理细则。

2.3.1.1 节能计划内容

① 年度节能节水项目计划表；

② 年度综合能耗及单位能耗计划表；

③ 年度节能工作费用预算表；

④ 湛江分公司年度节能工作计划及工作标准。

2.3.1.2 节能计划编制

① 湛江分公司年度节能计划的编制要紧密结合生产和科研工作的实际，其中年度工作计划包括节能管理及节能措施两方面的内容，力求工作计划细化，工作标准可操作性强。

② 各部门/单位应认真总结上年度节能工作中存在的问题，提出改进措施，并体现在下一年度节能工作计划中。

2.3.1.3 节能计划上报和审批

（1）上报总公司节能减排办公室的节能计划

① 年度节能节水项目计划表、年度综合能耗及单位能耗计划表、年度节能工作费用预算表为年度报表，需要上报总公司节能减排办公室，报送时间同分公司年度工作计划和预算的编制时间一致。

② 各作业公司应按湛江分公司节能办公室的要求开展计划上报工作，报表要填报及时、完整。

③ 各作业公司年度节能节水项目计划表、年度综合能耗及单位能耗计划表、年度节能工作费用预算表经所在单位审查和单位负责人签字后，按规定时间报送分公司节能办公室。

④ 节能节水项目计划表、年度综合能耗及单位能耗计划表、年度节能工作费用预算表由湛江分公司节能办公室审核汇总后，报湛江分公司生产部经理审批，由湛江分公司节能办公室上报给总公司节能减排办公室审核。

⑤ 经总公司节能减排办公室审核通过的年度节能节水项目计划表、年度综

合能耗及单位能耗计划表、年度节能工作费用预算表，各项指标将纳入到湛江分公司年度工作计划和预算中，下发给各所属单位执行。

（2）湛江分公司节能工作计划及工作标准

① 由湛江分公司节能办公室编制公司年度节能工作计划及工作标准，格式如表 2-11 所示。

② 湛江分公司年度节能工作计划及工作标准经湛江分公司主管副总经理审批后，下发给各作业公司执行。

③ 各作业公司节能计划的执行情况要及时反映在年度能耗统计报表及节能工作报告中。

表 2-11　20 _ 年节能工作计划及工作标准

一、节能目标				
序号	工作内容	计划开始到完成时间	责任人	工作考核标准
1	完成年度节能量目标与“十二五”节能量进度	1～12 月		
2	完成主要产品单位能耗指标	1～12 月		
二、节能措施				
序号	工作内容	计划开始到完成时间	责任人	工作考核标准

2.3.2 节能目标实行三级分解

湛江分公司依据《中国海洋石油有限公司节能考核奖惩管理办法》，制定了节能目标分解管理细则，规范节能目标分解方法，使得节能目标分解合理清晰。

2.3.2.1 节能目标与指标的确定

① 湛江分公司节能办公室根据能源基准与标杆，并依据能源管理方针，制订出总体的能源目标，并报湛江分公司总经理审批。

② 能源管理目标与指标的制订和评审应遵循以下原则：

a. 符合法律、法规及其他要求；

b. 符合公司能源方针；

c. 考虑重大能源管理因素；

d. 考虑经济、技术等方面的可行性；

e. 目标应具体、便于评估；

f. 指标应量化，并可测量。

③ 根据作业公司能源管理情况，应适时调整和更新能源管理目标和指标。

2.3.2.2 节能目标分解

① 湛江分公司节能目标实行三级分解，将节能目标分解到作业公司、各生产设施、各班组及岗位，做到横向到边、纵向到底。节能目标分解示意图见图 2-10。

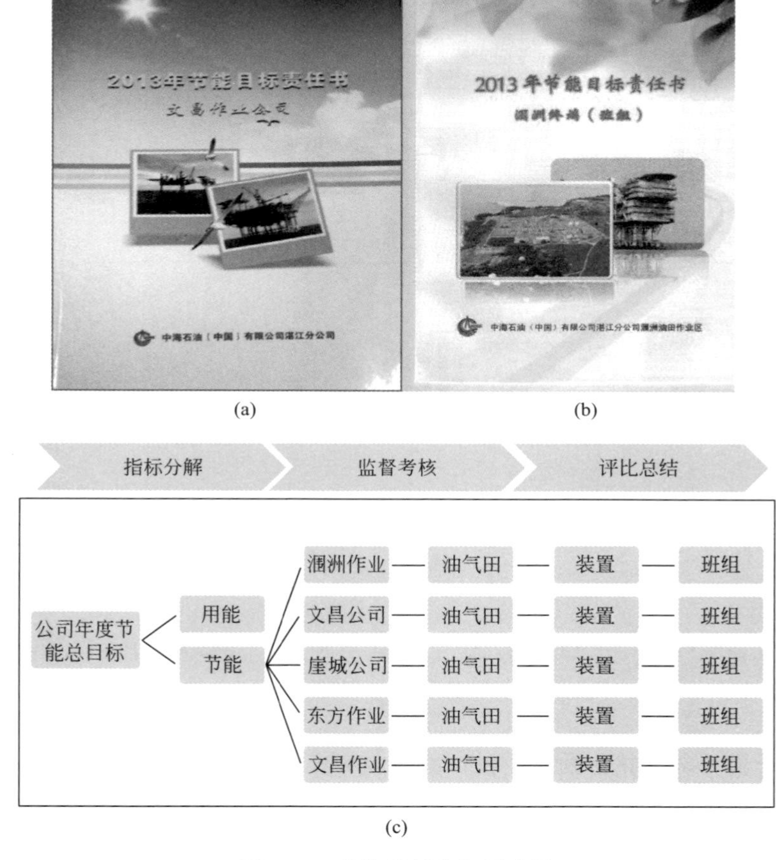

图 2-10 节能目标分解示意图

② 第一级分解由湛江分公司节能办公室主任与作业公司总经理签署“节能目标责任书”，将节能目标分解至作业公司；分解内容包括：作业公司的综合能耗、单位产品能耗及节能量指标，作业公司主要节能管理工作及节能项目计划。

③ 第二级分解由作业公司总经理与生产设施总监签署“节能目标责任书”，将节能目标分解至各油田（终端）；分解内容包括：各生产设施的综合能耗、单

位产品能耗及节能量指标，各生产设施主要节能管理工作及节能项目计划。

④ 第三级分解是现场各装置总监与各班组负责人签订“节能目标责任书”，内容包括：班组综合能耗的分解指标、班组年度措施节能量的分解指标（包含具体项目）、班组所负责的具体节能项目、要求班组开展的具体节能措施、班组所负责的节能文档的具体内容、能源因素识别工作以及班组所负责的节能活动（包括主题活动、宣贯和培训等）。

⑤ 通过湛江分公司和作业公司层次的节能目标责任考核、体系内审等渠道，确保各生产设施完成节能目标任务。

2.3.2.3 节能目标指标及能耗定额的修订

① 能源目标、指标及能耗定额不能按时完成或不能正常实施时，湛江分公司节能办公室会同各作业公司查明原因，并进行分析。

② 修订能源目标、指标及管理方案时，应考虑如下情况：

a. 能源目标和指标的合理性；

b. 法律、法规及其他要求发生变化的内容；

c. 内部条件发生变化，如工艺更新、设备改造、新项目投产、组织机构发生变化等；

d. 发生与能源目标和指标及管理方案有关的意外事件。

2.3.3 海上油田节能信息化管理

2.3.3.1 节能信息化管理概述

湛江分公司着力推进以信息化为基础的节能管控体系建设，也逐步形成了具有湛江分公司特色的、较完整的数字化节能管控体系，信息化及智能化系统包括基于生产数据库的“湛江分公司节能信息系统”，基于局域网共享的“平台工艺设备改造信息数据库”以及“涠洲及文昌油田能源管控中心”等。

借助涠西南油田海上电网升级的契机，涠洲油田群在涠洲终端、涠洲 12-1 油田、涠洲 11-1 油田、涠洲 11-1N 油田建设能源管控系统，系统上位设置中央监控管理主站系统（冗余备份配置）设于涠洲终端监控室，在下位各平台设立分操作站，实现对上述四个平台用能设备的状态、效率等进行统一监测与管控。油田有了完善的能源信息采集系统，就能获得能源系统的第一手资料，经过数据分析、处理和加工，在中央控制室的调度人员和专业能源管理人员就能实时掌握系统运行情况：系统的运行是否正常、运行状态是否安全稳定、能源调度分配是否合理等，并能在需要时及时采取调度措施，使系统尽可能运行在最佳状态。

随着文昌油田的发展，已经有多套电气设备进行了自动化改造升级，目前这些系统还是各自独立的，由于油田精细化管理和节能减排的要求，需要对数据进行集中存储，及时分析。文昌 13-1/2 油田构建了能源计量无线网络，将现场淡水、柴油、燃气等能源计量仪表信号通过无线信号进行采集，并最终将数据传送到能源计量及功率计量监控站进行数据分析、产生能源计量报表。文昌油田电气部门现有多套自动控制系统，每一套系统都有自己的SCADA系统。

文昌13-1/2油田对以前老的固频井电动机保护器进行了升级，升级后采用PLC控制，电泵数据通过高精度的电力测量仪器取得，电力测量仪器除了能够测量基本的电压、电流、功率等参数外，还可以对电泵累计消耗电量进行计量，实现了柜体的多功能。另外采用组态王对新改造的电潜泵控制柜进行数据采集、监测、存储。另外通过组态王的WEB功能实现了数据的WEB浏览，方便远程客户监视。两个平台电潜泵集中监控已经将固频柜数据集中监控，目前还有变频柜及少部分固频柜数据没有接入集中监控，其中变频柜大多具有通信功能，可以将数据通过串口接入监控系统。

优先脱扣改造已经完成，使用了美国ROCKWELL公司高性能的Control Logix系列PLC，系统采用以太网通信，具备接入节能减排系统的条件。电网监控使用富士电动机的老旧PLC，但是通过其专业的人机界面，可以将数据以MODBUS串口方式传送到其他系统，现在已经将数据采集到大功率计量计算机监控系统中，下一步可以通过计算机之间通信实现数据集中监控。

在线绝缘监测系统可以将状态信号传送到低压配电报警系统PLC，通过此PLC传送到集中监控计算机上。计算机可以实时显示电网状态，并将电网报警在监控计算机界面自动弹出，做历史记录，在查询画面中，用户可以方便地查询这些报警记录。现场使用施耐德公司专业的PM9C电能计量表，配以专业的高精度电流互感器，实现对100kW以上电动机消耗电能的计量，同时可以监测电动机的功率、电流等变量。PM9C电能计量表通过MODBUS串口通信，实现与主机互联，为了能快速将数据传送给主机，使用了多个施耐德公司专用的MODBUS到以太网网关，将数据转换到以太网传送，从而实现了数据的高速采集存储。上位监控软件使用国内通用的组态王软件，已经实现了数据实时监测，可以实现月报表的统计打印。

2.3.3.2 涠西南能源管控中心建设背景

涠西南油田群是湛江分公司最大的自营油田，油田群位于北部湾海域的涠洲岛西南侧，油田群内的主要设施包括涠洲终端、涠洲12-1油田、涠洲11-1油田以及涠洲11-1N油田等。

随着涠西南油田区域内设备的逐渐老化，新建油田数量的增多以及节能减排标准的逐渐提高，老油田的操作运行成本越来越高，给湛江分公司带来了全方位、深层次、多领域的困难和挑战。如：区域内电站的增多和零散分布，如不进行统筹规划、区域开发和实现智能化管理，不仅耗能大，而且运行管理成本将大幅增加。针对当时严峻形势，湛江分公司首次创新性地提出了在中国海上“节能减排与区域开发统筹考虑、一体化、智能化”的理念，以节能减排工作为突破口，依靠科技进步、自主创新，在节能减排智能化管理技术应用方面进行了大胆实践，从2012年开始，在涠洲终端、涠洲12-1油田、涠洲11-1油田以及涠洲11-1N油田开展了海上油田能源管控系统建设，取得了很好的节能减排效果和经济效益，对中国海上未来油气田的区域开发具有重要的指导和积极的示范作用。

涠西南能源管控中心的目标就是提供一套满足涠洲油田能源管控需要并适应未来发展、技术先进、性能可靠稳定、性能价格比高的监控平台，以实现涠洲油田能源管控系统的数据采集、监视、控制和管理，为生产运行的科学管理和能源调度提供科学的依据。

涠西南能源管控中心基于湛江分公司多年能源管理需求和经验，并借鉴分公司现有开发生产系统成熟的监控软件平台，以实时和历史数据库为数据采集核心，通过高速以太网将涠洲油田能源管控系统各能源介质系统运行状态和实时数据根据实际要求采集到新开发的实时和历史数据库中。该系统实时数据服务器负责收集、整理各种直接和间接的实时、历史数据，同时以动态实时数据、图表、曲线的形式展示。

涠西南油田群能源管控中心具有如下特点：

① 集最先进、成熟的SCADA平台；

② 操作简便，易于使用，对用户的计算机水平要求低；

③ 采用C/S架构，满足不同用户的需求；

④ 模块化结构、实施风险低；

⑤ 具有较好的开放性和可扩展性。

2.3.3.3 涠西南能源管控中心创新点

涠西南油田能源管控中心以能源管理系统为核心，以能源管理软件为平台，以PMC系列智能能源计量和监测装置、数据采集器和节能控制装置为核心，在实现智能用电管理和电能质量监测外，还满足对天然气、淡水、柴油等能耗实时监控的要求。

其创新点体现在：

创新一：实现能耗在线监测分析，推动节能管理信息化水平

实现了对海上油田天然气、淡水、柴油等能源消耗量的实时监控。具备数据采集、运行监视、自动控制、计量管理、节能分析、报表分析、能源趋势预测等功能。

创新二：构建电能质量在线“专家诊断中心”

提供所有稳态电能质量指标实时采集、存储和应用，提供实时谐波频谱图、历史趋势曲线、电能质量综合评估报表等数据应用方式。对电网谐波、电压畸变、不平衡度等指标进行监测分析，提供电能质量的实时“专家诊断服务”。

创新三：构建电力系统“黑匣子”

实现电力系统自动故障录波，记录因短路故障、频率崩溃、电压崩溃等引起的系统电流、电压变化。实现对电压瞬变、电压暂降、短时电压中断等暂态电能的监测，最高可捕捉 20μs 的瞬变，并提供事件波形记录和故障分析报告。“黑匣子”的建立可以实现对电网故障的“全时段、全方位”分析。

涠西南油田群能源管控中心的实施，使油田能源管理步入真正的信息化时代，同时，引入的电网监测手段和故障录波，保证了电网的安全稳定运行。

2.3.3.4 涠西南能源管控中心实施的主要做法

涠西南油田能源管控中心管理的能源介质对象包括：以电能管理系统为基础同时实现对海上油气生产终端/平台各种能源（包括天然气、电力、柴油、淡水等）的消耗量和用量进行实时监控。监控对象包括设备控制、状态监视、故障监视和质量管理等。能源管控系统由四部分组成：

① 涠洲终端能源管控子站系统及能控系统信息主站；

② 涠洲 12-1 油田能源管控子系统；

③ 涠洲 11-1N 油田能源管控子系统；

④ 涠洲 11-1 油田能源管控子系统。

系统采用分层分布、开放式结构，主要由系统主控层、通信管理层、现场设备层组成。系统主控层与通信管理层各采用整个电网一个双 100M 网络的独特结构，以满足在线监控的实时性要求。同时，实现了信息链路的自我诊断和预警功能。

系统数据具有交互开放性，兼容各种数据通信规约，包括 DNP3.0、ABB、西门子等国际规约和主流厂家私有规约；兼容多种通信方式，包括以太网、RS232/485、Modem、GSM/GPRS/3G 无线方式、SMS 等。

能源管控系统具备强大的信息交互功能，目前可以实现和电网 EMS 控制系统、开发生产数据库的信息实时交互，同时，还可以 IE 实时发布信息；能源管控系统向 MIS 系统提供能源消耗数据、按工序（或成本中心）的能源消耗数据及相关的分析结果。MIS 系统应向能源管控系统提供企业生产计划、检修计划等生产管理数据，供能源管控系统的预测和模型优化使用。

涠西南油田能源管控中心的服务对象具有多层次、多角色管理的特点，包括现场运行值班人员、能源管理人员和高层决策人员。系统很好地考虑了用户的差异性，最终形成了三层角色管理设计。

2.3.3.5 涠西南能源管控中心的主要功能

（1）能耗在线监测和告警功能

① 实时监控功能　支持通过编制采油平台平面组态效果画面，将总能源、分项分类耗能以及各个采油平台、工作站、设备的用电支路的实时电气状态参数

与当前电能消耗值、其他能源消耗值及其趋势变化图等监测参数集中展示。

提供分项设备系统或采油平台的实时能源消耗值（当天或当月）与预先设置的预警超标值进行比较，发生超限时通过声光、变色等动画效果进行实时告警，并且自动通过短信或邮件方式发送告警信息给相关负责人，及时通报能源系统运行超标状态。

② 能源运行管理　提供查询、统计各用电支路的峰值功率的趋势变化曲线功能，通过对各设备子系统、采油平台 EMS 以及各用电支路的峰值功率持续维持时间不低于指定时段的峰值功率进行计量和记录，实现统计指定设备或区域历史出现的用电功率峰值趋势。

支持按照每小时、每日、每周、每月、每年固定时段以及任意自定义时段内的针对总体以及各分项设备系统计量对象的分类能源数据的统计查询。

③ 事故告警与记录功能　事件告警发生后，可以配置启动声光告警，推出告警画面，启动事故追忆，提示监控人员进行事故确认、记录和处理。具有事件过滤功能，可屏蔽指定事件的告警。

（2）能耗分析管理功能

能源监测运行管理主要侧重在能源系统运行过程中对能源使用状态的监视，同时结合设备系统、环境因素等与能源密切相关的运行状态，对能源进行合理的管控和预警，及时发现并改正运行中存在的能源异常问题。

① 综合能效指标统计分析　支持统计总体以及各平台区域在指定的日、周、月、年以及自定义时段内的单位面积能耗、人均能耗、单位工作时间能耗等指标。

支持统计总体以及各分项设备子系统、采油平台、配电间区域计量对象在指定的日、周、月、年以及自定义时段内的分类能源折合标准煤以及二氧化碳排放量的统计分析。支持采用与分类能源消耗量对比分析相同的方式来对比分析不同计量节点的综合能源消耗量（单位为标准煤）以及二氧化碳排放量。

② 能源报表管理　能源分析模块提供专门的报表组态编辑和查询工具，提供用户自定义格式报表的编辑和报表查询统计相关功能，提供类似 Excel 界面风格的报表组态编辑工具，用户可灵活设计、定义符合自身需求的报表样式和外观，支持为每一个报表单元格关联不同的能源计量数据及其配电监测参数数据。

③ 能源损耗趋势分析　系统损耗分析管理主要通过对能源传输或中间转换环节的能源计量监测来统计能源传输损耗，主要应用场景为监测能源在传输过程中的跑、冒、滴、漏等能源直接浪费或偷窃能源的行为。通过对该损耗数据进行对比或者与行业典型标杆值比较来评价当前系统的能源损耗水平。

（3）电能质量监测与管理功能

① 稳态电能质量监测与分析　提供所有稳态电能质量指标的 3s 实时数据以及 3min 统计数据（最大值、最小值、平均值、概率值）的采集、存储和应用，

提供实时谐波频谱图、累积概率图、历史趋势曲线、电能质量综合评估报表、合格率报表、电能质量指标越限汇总报表等数据应用方式。

② 暂态电能质量监测分析与故障录波功能　提供针对暂态电能质量问题的波形分析，包括 RMS 趋势分析、谐波分析等，通过暂态波形的签字特征，分析事件的原因。系统可以灵敏地分辨电压扰动并记录扰动事件，对 RMS 扰动的时间分辨率精确到毫秒，可捕捉小于 0.5 周波的电压瞬变，最高可捕捉 20μs 的子周波瞬变。从而真正构建了电力故障的“黑匣子”，极大地提升了设备故障的分析方法和手段。电压暂升故障录波图如图 2-11 所示。

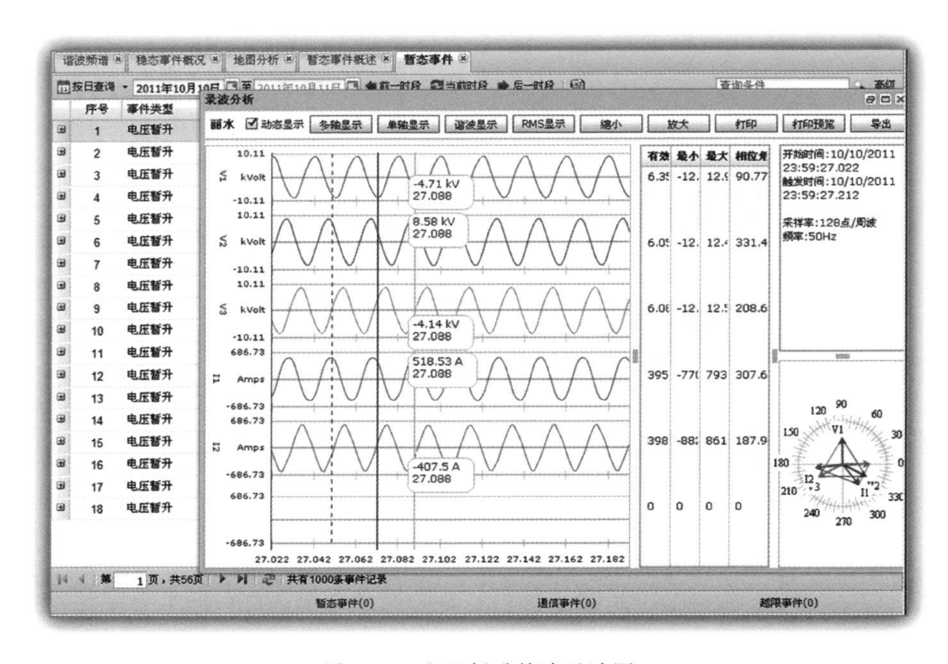

图 2-11　电压暂升故障录波图

（4）强大的谐波监控功能

系统除了提供常用谐波电压含有率、谐波电流含量以外，还额外提供了谐波功率以及谐波电能数据。其中，谐波功率数据可用于协助进行谐波源定位；谐波电能数据可用于分析由于谐波导致的谐波计量误差。

能源管控系统提供的谐波、间谐波数据包括：

① 2～63 次谐波/间谐波电压真有效值、相角、含有率；

② 2～63 次谐波/间谐波电流真有效值、相角、含有率；

③ 电压、电流谐波 THD、TEHD、TOHD；

④ 2～63 次及总谐波有功、无功、视在功率；

⑤ 2～63 次谐波的有功电能、无功电能，视在电能的输入、输出、总和和净

值所有谐波、间谐波数据可以实时查看。

（5）能源故障管理

能源故障管理是对生产过程中的设备或介质所发生的故障信息进行报警、记录、分类、分析、归档等。

对于重要的、密切关系到能源生产运行安全、人身安全的设备，EMS提供直接的非常监视和操作功能，即除了网络通信，还要以硬接线的信号传递方式直接对现场设备进行监控，主要针对电力系统、动力系统的相关设备，如系统供电电压和频率，天然气、水的供能压力等，配置几组非常监控仪表。一旦遥控区域发生事故，可先在能源管控系统监控室采取紧急措施，根据制定的事故处理预案进行处理，通知巡检作业区和点检作业区的人员去现场诊断故障，同时通知其他调度，对能源的生产进行合理调整，保持能源平衡。

2.3.3.6 实施效果及管理创新成果

（1）实施后的效果

涠西南油田能源管控中心的建设，统筹地解决了涠西南油田区域开发中的电能质量监控一体化和节能信息化建设的需求，取得了很好的节能减排效果和社会效益。对电网运行管理和节能信息化管理都产生了根深蒂固的变化。

能源管理中心建设与涠洲11-1油田、涠洲12-1油田、涠洲终端电力组网方案组合后，在原涠洲11-1N油田需建设的3台4281kW发电机组成的电站可以取消。另目前大部分油田的负荷刚好大过单台发电机组的满发功率，需启动两台发电机组，每台机组负荷率只能达到50%～60%左右，发电机损耗加大（表现在备用资源大，利用不足，三个油田共九台发电机组，投入运行的发电机组仅五台，四台机组为备用，备用率为45%，九台机组可供电35635kW，但负荷仅12689kW，负荷率仅36%，总的富余功率占总额定功率的64%）。

电力组网后，通过能源管理中心的管控后挂在电网上的发电机的数量可以减少，提高了发电机组的负荷率，可以降低发电机损耗，节约能源。该项目实施后，可实现对能源管理的数据化和信息化，对用能进行有效的监督监测，大幅减少能源浪费，提高其使用效率。通过能源管控一体化信息系统，每年可从管理节能和技措节能中节能折标准煤5000t，具有较好的经济效益和环保效益。

3台4281kW发电机，单台每天耗燃料气约15000m^3，考虑机组停机和维修，运行模式按二用一备和在一定负荷条件下计算：

$$1.8（台）\times 15000 = 27000（m^3/d）$$

$$27000 \times 330（天）= 891.0（万立方米/a）$$

$$891.0 \times 11 = 9801（t标准煤/a）$$

减去机组附属设备能耗，仅上述三台机组的每年节能量就可节能超过6500t标准煤。

投入运行2年多来，系统自动累计实现故障预警20多次，其中，有五次系统接到比较大的故障预警，避免了整个涠洲油田群电网崩溃的情况。仅五次电网崩溃造成产量损失估算：电网崩溃影响油田生产时间为4～5h，则避免五次停产累计影响生产时效20～25h，避免损失原油8000m^3，若以油价70美元/桶计算，可避免收益损失约1636万元人民币。

（2）管理创新成果

涠西南油田能源管控系统的实践应用和系统建设前比较，其主要创新贡献体现在：

① 由建设前单一能源、孤立平台的分散电能管理转变为建设后分类能耗、平台（终端）群的统一能源管理。

② 由建设前计量表计配备不足，多为机械表，依靠人工抄表，只能实现全厂约70%的能耗计量，建设后实现能源可计量考核程度达到90%，管理者对于能耗详细分布、流向情况了然于胸。

③ 建设前用户仅能在配电室内的上位机上访问，需安排专职能耗管理人员现场管理。建设后用户可通过C/S、B/S两种方式在任意地点和时间实时访问系统，及时快捷地了解作业区各个平台的能耗数据。

④ 建设前缺少详细的设备用能数据和用能过程状态数据，无法评估设备用能效率，设备节能工作也就难以入手，建设后实现重要耗能设备的在线监测和运行管理，对寻找设备经济运行能耗规律提供可靠、快捷的途径和工具。

⑤ 建设前生产异常和设备停机检查是事后被动管理，建设后实现实时监视和故障预警的事前主动管理。

⑥ 建设前原有单耗指标数据的不完整和准确性失真，难以建立准确的产品单耗结果，建设后提供秒钟级的能耗统计和对比分析，与生产数据保持时间同步，产品单耗指标更加准确、可靠。

⑦ 建设前尚未实现车间级计量表计的全部覆盖，计量粒度不细，缺乏行之有效的企业能效评估指标体系，坚守构建了公司、油田和设备三级能效评估系统，从合理用能和经济用能两方面提供科学管理依据。

2.3.4 开展能效对标并建立定额指标

为进一步提高油气生产能效水平，使公司能效管理更为科学、系统和规范，湛江分公司在2013年开展了油气生产能效对标，对公司主要耗能系统进行调查、分析和研究，旨在与国内或国外同行业先进企业能效指标进行对比分析，建立一套科学合理的资源消耗定额和对标方案。

2.3.4.1 实施对标管理实施的意义、目的

企业对标管理又称标杆管理，是一种相对较新的企业绩效管理方法，是指企业

持续不断地将自己的产品、服务及管理实践活动与最强的竞争对手或那些被公认为是行业龙头企业的产品、服务及管理实践活动进行对比分析的绩效管理活动。

对标管理的基本内涵是以领先企业作为标杆和标准，通过资料收集、分析比较、跟踪学习等一系列规范化的程序，改进绩效，赶上并超过竞争对手，成为强中之强，因此实施对标管理对湛江分公司进一步开展节能节水工作，实施节能节水技术改造，新建扩建项目节能技术及产品应用，挖掘企业内部节能潜力，促进资源节约技术能力的提升和科学管理水平的提高，推进资源节约型企业建设，提高经济效益，增强企业竞争力，实现企业持续、有效、协调发展，对实现企业竞争战略具有重要意义。

通过开展能效对标管理，企业可以具体实现以下全部或部分目的：

① 全面、客观地了解企业产生和能源使用实际情况，完善生产和能耗基础数据计量、统计等能源管理基础工作，建立涵盖企业能源使用各方面的能效指标体系，合理提出企业各项能效指标的定额水平，科学合理地分解落实企业技能目标责任。

② 正确认识与能效先进企业的差距。通过分析能效指标差距，明确企业节能的现实潜力、节能的工作努力方向和工作重点。

③ 根据能效差距和节能目标责任要求，合理制定和完善本企业中长期节能规划、年度节能计划，合理安排各种能效改进措施的先后顺序与轻重缓急。

④ 为企业提供各种被能效先进企业节能实践所证明的、行之有效的节能措施和方案选择，避免浪费不必要的时间和资源。

⑤ 有助于企业制定现实可行的能效改进工作方案，通过加强能源精细化管理和实施节能技术改造，促进和推动企业能源管理水平和能效指标的持续改善和提高。

2.3.4.2 实施能效对标管理的作用

① 实现最佳节能实践　可明了本企业能效水平、能源管理需要改进之处，从而制定适合本企业的最为有效的能效改进措施。

② 提高企业能源管理绩效　通过设定可达到的节能目标来改进企业的能源管理绩效，特别是对新建扩建项目节能产品的应用提供科学可靠依据，全面提高能源管理水平。

③ 持续改进能效水平　为企业提供了一种测度各部门能源投入产出现状及目标的方法，可达到持续改进能源管理薄弱环节的目的。

2.3.4.3 对标方案

（1）对标范围

对标范围为湛江分公司所属作业公司（包括涠洲作业公司、文昌油田群作业公司、文昌 13-1/2 油田作业公司、东方作业公司、崖城作业公司）及其生产设施重点耗能系统（设备），包括集输系统（机泵、加热炉）、脱碳装置、机采系统

（电潜泵）、发供电系统（透平发电机）、油气处理系统（透平压缩机）。

（2）对标类型

根据湛江分公司的实际，对标主要采用内部和同行业对标类型来进行。建立客观、翔实、科学的反映企业能源管理绩效的一套能耗对标指标体系，与国内、国际同行业中最好企业进行对比，实现行业对标。

（3）对标管理实施的内容

能效对标管理工作实施的主要内容可概括为：确定一个目标、建立两个数据库、建设三个体系。“确定一个目标”即：基于企业实际情况，合理选择对标主题，并确定适当的能效对标指标改进目标值。“建立两个数据库”即：在建立企业能效对标指标体系的基础上，建立企业能效对标指标数据库，同时建立企业最佳节能实践库。“建设三个体系”即：建设节能评价指标体系、能源消耗定额体系、能效对标节能管理综合评价体系、能效对标工作组织管理体系。

2.3.4.4 湛江分公司行业对标结果评价

湛江分公司“十二五”前两年原油（气）生产综合能耗平均为44.74kg标准煤/t，万元产值综合能耗平均为0.18t标准煤/万元，万元增加值综合能耗0.26t标准煤/万元。湛江分公司总体用能水平达到了国内同行业先进水平。这与湛江分公司领导、员工一贯重视节能工作、强化节能管理密切相关。

2.3.4.5 实施对标效益分析

（1）经济效益

通过能效对标，对湛江分公司能源利用各个环节的全面排查，找出了湛江分公司能源利用过程中存在的不足。通过分析和计算，选出可供开发利用的节能潜力，提出了技术可行、经济合理的节能项目，如涠洲油田天然气联网、东方终端透平余热利用、涠洲12-8油田放空天然气回收等。通过这些节能项目，可以节约油、气、水、电的消耗，减少资源购入成本，提高天然气外输量，也将为分公司带来巨大的经济效益。据测算，这些节能项目投运后，每年可以实现新增措施节能量约25000t标准煤。

（2）环境效益

节能项目的投运在带来节能效益的同时，也减少了温室气体的排放，保护了环境。东方终端余热利用项目，利用透平尾气的余热加热循环水获得蒸汽。投运后可替代约1.5台蒸汽锅炉的负荷，减少锅炉燃气尾气的排放；涠洲油田群电力组网、投运后，油田群各个平台的发电机互为备用，通过统一调配可以提高在用机组的效率，减少低效率运行透平机组的投用台数，进而减少燃气量，也减少尾气的排放量。

（3）社会效益

能效对标工作不是“闭门造车”，湛江分公司利用现有的各种渠道最大限度地获取相关信息。在此过程中，企业间的沟通交流平台也逐渐形成。在学习他人的同时，也成为他人学习的对象，相互的交流学习促进了企业在能源管理方面产生新的思路和突破，成为开展能效对标企业的共同财富。同时湛江分公司能效对标工作的成功进行，也必将为推动地区能效对标工作的开展起到一定的作用。

2.3.5 其他节能精细化管理措施

2.3.5.1 开展新建油气田项目节能后评价工作

（1）节能后评估目的

为切实通过加大节能减排力度来加快转变经济发展方式，实现清洁、绿色发展，不断提升中国海油低碳竞争力和可持续发展能力，并确保完成国家下达的节能减排目标任务，2014年湛江分公司组织对涠洲12-8W/6-12油田开发项目进行节能后评价工作。

通过评价项目建成后的能源消耗利用情况、用能设备能效水平、节能措施落实情况以及节能管理状况，对项目运行后存在浪费能源的环节、节能管理中存在的薄弱环节等提出改进建议，从节能的角度总结项目的经验、教训。

节能后评价的目的主要是核查项目建设方案、技术、管理等各项节能措施落实情况、项目建成后的能源利用情况等，以总结项目节能方面的相关经验和教训，为下一步节能工作的开展以及同类项目的建设提供参考。

（2）节能后评估方法

① 标准对照法　通过对照国家或行业相关节能法律法规、政策、行业及产业技术标准和规范，对项目的能源利用是否科学合理进行分析评价，对选用的设备是否达到要求的能效标准进行评价。

② 对比分析法（比较分析法）　是通过项目建成后相关指标与ODP及节能评估报告的相关指标对比，该项目与同类项目对比，分析项目能源利用的实际水平、能源利用是否科学合理。

③ 专家判断法　对于没有相关标准规范和类比工程的情况下，利用专家经验、知识和技能，对项目能源利用是否科学合理进行分析判断。

（3）节能后评估具体内容

主要分析评价项目实施后与预期设计存在的差异；评价项目主要耗能工艺的用能情况；据国家颁布的用能设备相关能效标准，评价主要耗能设备的能效水平是否达到要求、是否需要淘汰落后设备；评价主要用能设备的实际用能效率；评价节能管理机构、人员和制度基本情况，能源计量器具的配备情况；评价节能技术措施的落实情况；评价项目能源利用情况及能效水平。具体内容如下：

① 项目实际生产能耗指标分析　对项目建成后的各能耗指标进行计算分析，包括万元产值综合能耗、万元增加值综合能耗、单位油气综合能耗分析。

② 项目建设工艺流程、技术方案评价　从生产规模、生产模式、生产工序

等方面，分析项目实施后能源利用情况，调查、分析、计算项目各生产工序的能耗情况，生产工序包括采油系统、油气处理系统、原油外输系统、热电联产系统、热站系统、供配电系统。

③ 项目主要耗能设备评价：

a. 耗能设备选型评价　评价主要耗能设备选型是否满足节能评估报告及项目能评批复文件中提出的能效要求（如设备选型是否达到相关标准的节能评价值要求或一级能效指标要求，是否存在国家明令淘汰的变压器、电动机等设备）。

b. 主要耗能设备运行现状评价　评价主要耗能设备的能源利用状况，包括主发电机组（含余热回收装置）、热介质加热炉、潜油电泵、原油外输泵、热油循环泵、生产水输送泵、海水提升泵、天然气压缩机、燃料气压缩机等。

④ 节能管理措施评价

a. 评价该项目节能管理措施，如能源管理机构、人员、制度运行情况。

b. 评价该项目 ODP、节能篇、能评报告等文件中，提出的节能技术措施的实施情况。

c. 检查用能单位的能源计量器具配备情况，根据《用能单位能源计量器具配备和管理通则》（GB 17167—2006）、《能源计量器具配备和管理要求》（Q/HS 13007—2009）、《海上油气田能源计量器具配备实施要求》（Q/HS 13016—2012）等标准的规定，对项目能源计量器具配备情况作出评价和建议。

（4）节能后评估目标

① 对项目建成后的主要用能工艺用能情况进行评价；对主要用能指标、设备的能效指标和运行指标等进行核算、评价；在上述工作基础上，对项目建成后余热、余能及其他节能潜力点进行分析评价，并提出节能建议。

② 对项目建成节能管理措施、节能技术措施的实施情况，对能源计量器具配备和管理情况进行分析评价，查找管理方面的薄弱环节并提出改进建议。

③ 对项目建成后，能源管理、利用等方面的经验和教训进行总结，供今后类似项目借鉴。

2.3.5.2　完成整套气液处理能量系统工艺优化研究

湛江分公司组织开展了崖城作业公司及东方终端的能量系统工艺优化研究工作。根据过程系统三环节能量流结构模型，从能量演变方面可以将过程系统划分为：能量转化环节、能量利用环节和能量回收环节。图 2-12 为三环节能量流结构模型和㶲流结构模型，利用此模型，对崖城作业公司进行能量利用评估并获取相关优化思路。

（1）崖城 13-1 用能分析

① 能量转化环节　本环节中，能量转化环节主要为燃烧天然气驱动干气、

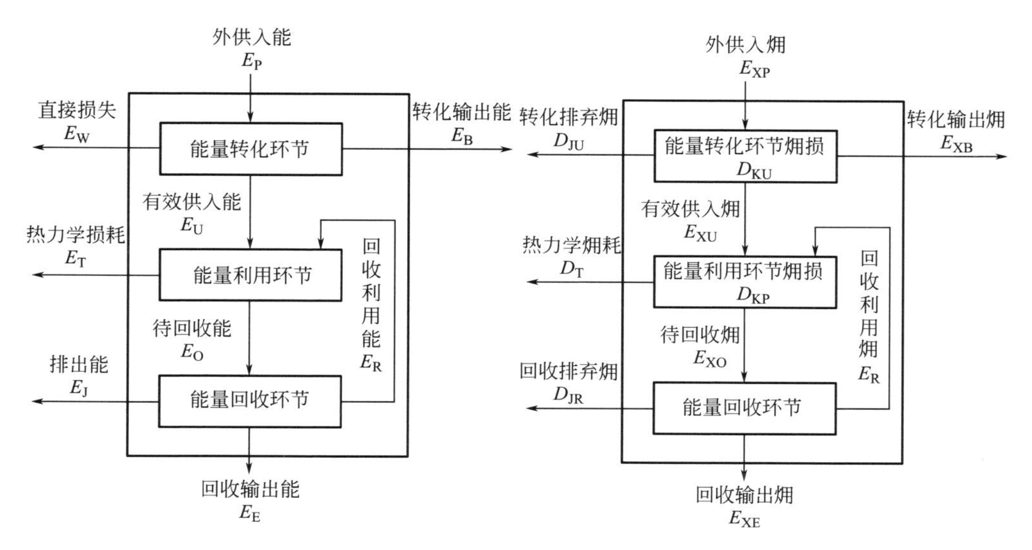

图 2-12　三环节能量流结构模型和㶲流结构模型

湿气压缩机及透平发电机，加热三甘醇再生炉。

② 能量利用环节　本环节中，主要是指分离设备，包括低温分离系统、三甘醇再生炉。三甘醇再生炉能耗所占比例很小，不作重点考虑。低温分离系统包括 J/T 阀和低温分离器，调节低温分离器操作压力和温度，可以减少天然气压力降，降低干气压缩机功率。

③ 能量回收环节　本环节中，主要是指换热网络（低温分离系统换热网络，三甘醇再生系统换热网络）和余热回收，由于三甘醇系统能耗所占比例很小，不作重点考虑。低温分离系统换热部分主要包括低温气/气换热器、气/液换热器，强化冷量回收，可以增强低温分离器分离效果。由于平台无热阱，余热暂时没有回收。

（2）南山终端用能分析

① 能量转化环节　本装置中，能量转化环节主要为加热炉以及部分输送物料的机泵。燃料气主要消耗在热油加热炉，占总能量消耗的 74%，热油加热炉主要用于对循环热油进行升温，用于脱 C_2 和 C_4 塔底再沸器加热。电力消耗包括泵、空冷和压缩机使用，占总能耗的 16%。三甘醇再生炉使用燃料气直接加热，占总能耗的 10%。

② 能量利用环节　本装置中，能量利用环节为循环热油直接加热的 C_2 塔再沸器和 C_4 塔再沸器。

③ 能量回收环节　本装置中，能量回收环节主要包括凝析油的热量回收及低温天然气的冷量回收。凝析油主要用于三相分离器及 C_2 塔进料的加热，低温天然气主要用于进 J/T 阀之前天然气的降温。

（3）主要用能优化改进措施

基于用能分析，崖城作业公司能量优化提出的用能改进措施如表 2-12 所示。

表 2-12 用能改进措施汇总表

序号	措施名称	措施内容	预计效果
1	脱 C_2 塔用能优化与进料换热流程改进	强化脱 C_2 塔进料与凝析油的换热，增设换热器 E-5501/B，提升脱 C_2 塔进料温度，降低凝析油进空冷温度。脱 C_2 进料温度提高直接降低塔底再沸器负荷，从而减少导热油用量，降低燃料气消耗量。凝析油温度降低，显著改善现有的凝析油回流温度偏高的不合理现象	天然气 $248m^3/d$，节约总天然气 4%
2	脱 C_4 塔优化与进料换热流程改进	脱 C_4 塔现有进料温度约 435℉，塔底温度约 422℉。为改进脱 C_4 塔操作，增加 C_4 塔进料与富三甘醇溶液的换热，达到同时减少三甘醇再生燃料气消耗和提高脱 C_4 塔分离效率的目的	增产 LPG 1.3t/d
3	C_2 塔回流凝析油流程改进	现有 C_2 塔顶的凝析油回流因空冷设备负荷偏小，导致凝析油回流温度仍有 102℉，脱 C_2 塔操作困难。在凝析油换热流程调整的条件下，将现有的回流用凝析油与低温分离器出来的部分销售气进行换热，同时改进换热器 E-3304 和 E-3311 的保温，达到降低回流凝析油温度的目的	提高脱 C_2 操作柔性
4	增设制冷系统回收 LPG	海管气中含有 LPG 约 45t/d，现有回收得到的 LPG 产品约 5t/d，销售气中含 C_3、C_4 约 39t/d，没有得到回收，LPG 损失大。在脱 C_2 塔和脱 C_4 塔优化回收 LPG 基础上，增设丙烷制冷系统，保持低温分离器操作温度在 −40℉左右	增产 LPG 10t/d
5	平台低温分离器操作优化	平台低温分离器现有操作温度是 28℉，J/T 阀压降 191psi。根据天然气烃露点控制 55℉，减少 J/T 阀压降至 150psi，由于降低得减少，可以直接降低后续干气压缩机功耗	压缩机净功耗降低 745kW
6	平台换热流程改进	平台现有的低温分离器进料换热分为两路，由于气田中期油气产量下降，换热器设计工况偏低，传热系数降低。根据当前产量，将现有的低温分离器两路并联换热改为一路串联换热，改善低温分离器进料与低温气相和液相的换热效果，从而减少 J/T 阀压降，提升干气压缩机入口压力	压缩机净功耗降低 515kW

注：℉为华氏度，与摄氏度换算公式为 $t/℃=\frac{5}{9}(t/℉-32)$；1psi = 6.895kPa = 0.0689476bar，余同。

通过方案对比分析，得出以下结论：

① 建议在南山终端优先开展脱 C_4 塔优化与进料换热流程改进和凝析油回流，这两套方案分别从天然气流程和 LPG 流程中增强 LPG 回收，改动少、投资小、收益大。

② 建议在崖城 13-1 上优先开展平台换热流程改进，充分利用平台 A、B 两串装置，将两串换热器改成既可串联又可并联的运行模式。处理量较小时，可以

使用串联模式，增强冷能回收；处理量较大时，使用并联模式，保证生产；生产出现问题时，可以方便地将其中一串切出，操作可靠性好。

2.4 培育节能文化，营造良好氛围

湛江分公司通过多种渠道和载体组织宣贯节能理念，促进节能成为湛江分公司文化的重要组成部分。

2.4.1 优化节能组织管理，让节能成为自觉行动

2.4.1.1 机构完善，职责明确

湛江分公司节能领导小组由总经理担任组长，主管生产副总经理为副组长。节能工作小组由生产部经理担任节能办公室主任，节能管理经理担任副主任，组员由节能主管、生产主管及项目代表组成。湛江分公司节能组织机构图如图 2-13 所示。

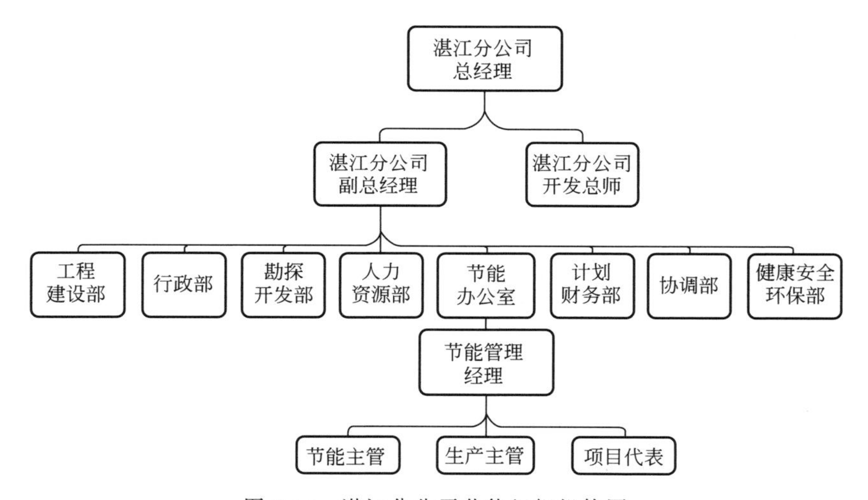

图 2-13 湛江分公司节能组织机构图

作业公司节能领导小组由经理担任组长、副经理担任副组长，组员由生产经理、生产主管、油气田总监及节能监督员组成。油气田节能工作小组由油气田总监担任组长，生产监督担任副组长，组员由主操、平台长及节能监督员组成，部分装置还自愿设置有节能行动小组、节能大使及能耗设备管理员等。作业公司及生产设施节能组织机构图如图 2-14 所示。

湛江分公司各职能部门在节能工作方面也扮演着自己的角色。工程建设部在新项目中大胆创新，践行节能国策；行政部给予 IT 支持，节能管理信息化渐入佳境；勘探开发部在新项目 ODP 中积极征求节能办公室意见；人力资源部协同参与节能绩效考核；计划财务部提供统计数据，共同制订节能预算和规划；协调

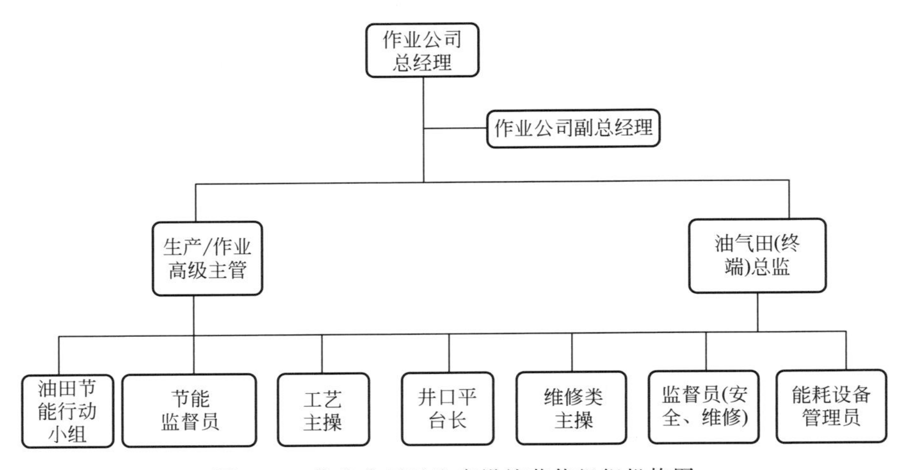

图 2-14 作业公司及生产设施节能组织机构图

部为降低公司运力能耗贡献良多。

2.4.1.2 设置节能监督员，营造全民节能氛围

节能监督员是为了贯彻落实节约资源和保护环境基本国策，动员广大员工积极参与节能工作，由湛江分公司节能办公室选拔聘用并履行节能政策及制度宣贯、节能培训、节能工作监督等职责的节能工作人员。

2013 年开始，湛江分公司为了进一步完善节能工作管理层次，把工作落实到基层，在公司各用能单位聘用了 19 人为节能监督员。同时组织设计节能监督员 LOGO、挂牌及宣传文化衫，举办节能监督员培训，年终对节能监督员工作总结进行汇编并评选优秀节能监督员。

为了规范节能监督员的选拔、聘任、考核管理，明确各部门管理职责，确保节能监督员在公司节能工作中发挥作用，湛江分公司组织制定了节能监督员管理细则。

节能监督员任职要求为油气田（终端）在岗固定人员；熟悉湛江分公司节能管理制度，具备油气田业务知识和操作技能；有较强的积极性和工作主动性，爱岗敬业，愿意提高自身各方面能力，愿意为湛江分公司节能工作做出贡献，自愿参加并且能够承担节能工作。

每座中心平台和陆上终端原则上配置 3 名节能监督员；中心平台所辖井口平台超过 2 座的，可配置 4 名节能监督员；为充分发挥不同级别员工的工作优势，各装置的节能监督员按照主操、中级工、初级工各 1 名的岗位层次进行配置。

节能监督员实行年度选拔，根据分公司节能年度工作计划，每年 3 月或 4 月进行本年度的选拔、聘任工作。年中因工作调动或自愿退任等原因造成的节能监督员空缺，将于下年度选拔补齐。作业公司每年 2 月上报本年度节能监督员需求计划，节能办公室根据上年度分公司节能监督员调动情况，结合分公司及作业公司需求，制订选拔计划。节能办公室下发选拔通知，作业公司本着“公平、公开、自愿”的原则，组织所属生产设施员工报名。符合报名条件的员工，根据个人意愿，填写《湛江分公司节能监督员报名表》，交由所在装置审核。所在装置审核员工报名材料的真实性，填写审核意见，发作业公司生产主管汇总。根据实际情况，上报的人员数量至少应比选拔通知所分配的名额多1人，其中多出的1人将作为节能监督员调动后的替补实习人员，在下年度选拔时，根据替补工作期间的表现，可优先考虑予以聘任。作业公司汇总所属装置的报名材料，发湛江分公司节能办公室。节能办公室根据报名材料内容进行评选，选择优秀报名人员予以聘任，根据评选结果拟定聘任名单，制订聘任计划。节能办公室将聘任计划（含名单）提交湛江分公司主管领导审批，审批通过后发布聘任通知。

湛江分公司节能监督员任期为两年，到期后自动退任；任期内节能监督员调离现场装置到陆地机关部门工作的，自动退任；任期内晋升为监督岗位的，根据个人意愿可继续担任节能监督员，但两年任期结束后不再予以续任；任期内，根据个人意愿需要退任的，应由所在装置总监以书面或邮件形式向湛江分公司节能办公室和作业公司提出申请，节能办公室进行登记并予以答复。

每年1月初，节能办公室组织开展上年度节能监督员考核工作。节能监督员需在每年的1月15日前，将上年度工作总结及节能监督员年度考核表交由所在装置生产监督部门审核。所在装置生产监督汇总并审核本装置节能监督员年度工作总结及考核表内容的真实性，发作业公司生产主管汇总。作业公司生产主管汇总各装置节能监督员年度工作总结和考核表后，发节能办公室。节能办公室审查节能监督员年度工作总结和考核表，并进行评分。节能办公室根据评分名次确定分公司优秀节能监督员人选，并将优秀节能监督员名单汇总到年度分公司节能先进表彰名单中。节能办公室将年度分公司节能先进表彰方案（含名单）提交分公司主管领导审批，审批通过后发布表彰通知。

节能监督员示意图如图2-15所示，节能监督员年度考核表如表2-13所示。

(a)　(b)

图2-15　节能监督员示意图

表 2-13　湛江分公司节能监督员年度考核表

姓名：__________　岗位：__________　所在装置：__________　节能监督员聘任年份：__________

序号	指标内容	分值/分	评分标准	自查情况说明	自评分	考核情况说明	最终评分
1	所在装置节能目标完成情况	5	所在装置未完成单位产品能耗指标扣2分；未完成节能量指标扣2分；未完成节水量指标扣1分。存在跨装置调动情况的，根据其在每所装置的工作时间按比例计分。在某装置的工作时长为 N 天（含海休时间），则在该装置的总分值为（N/365）×5，单位产品能耗指标分值为（N/365）×2，节能量分值为（N/365）×2，节水量指标分值为（N/365）×1				
2	所在装置节能项目实施及完成情况	10	所在装置完成节能项目计划的90%～100%，9～10分；所在装置完成节能项目计划的80%～90%，8～9分；所在装置完成节能项目计划的60%～80%，6～8分；所在装置完成节能项目计划的60%以下，3～6分。存在跨装置调动情况的，根据其在每所装置的工作时间按比例计分，在某装置的工作时长为 N 天（含海休时间），则在该装置的总分值为（N/365）×10				
3	组织节能主题活动次数（培训、演讲、辩论、竞赛、合理化建议征集等）	16	得分为主题活动次数×2，此项得分不超16分；需提供相关证明文件（包括签到表、PPT、活动方案、图片、报道等）				
4	积极参加分公司和作业公司节能管理会议及培训	2	得分为本人参加会议及培训的次数×4，此项得分不超12分				
5	参加分公司“双程观察”交流活动的情况	15	本年度参加2次及以上“双程观察”交流，15分；参加1次“双程观察”交流，10分；未参加“双程观察”交流，0分（以交流结束后提交的《交流总结表》为准）				
6	节能巡视卡管理	10	对节能监督员年度提交节能巡视卡的数量进行评分。以每张0.5分计，此项总分不超过10分				

续表

序号	指标内容	分值/分	评分标准	自查情况说明	自评分	考核情况说明	最终评分
7	发表节能主题通信报道情况	16	在海洋石油报每发表1篇报道，得6分；在分公司网页每发表1篇报道，得2分，此项得分不超16分				
8	节能监督员年度工作总结	10	优秀（9～10分）、良好（8～9分）、一般（6～8分）、差（0～6分）				
9	工作创新	6	工作创新包括管理创新及技术创新，每项创新得1分，此项评分不超6分				
总分		100	—	—		—	

2.4.2 培育节能文化，营造良好的节能氛围

湛江分公司通过制作节能教育片、发行节能专刊、征集节能主题视频、填写节能观察卡、设置节能领跑奖等形式，营造出了良好的节能增效氛围。

2.4.2.1 完成首部节能教育片制作

为了更好地提高湛江分公司全体员工的节能意识，广泛开展节能工作，以建立与推行节能增效与能源管理体系为契机，提升节能低碳意识，营造节能增效的良好文化氛围，培养日常工作和生活中的节能习惯。湛江分公司要求各油气田上平台人员倒班时一同观看安全教育片。节能教育片示意图如图2-16所示。

(a)

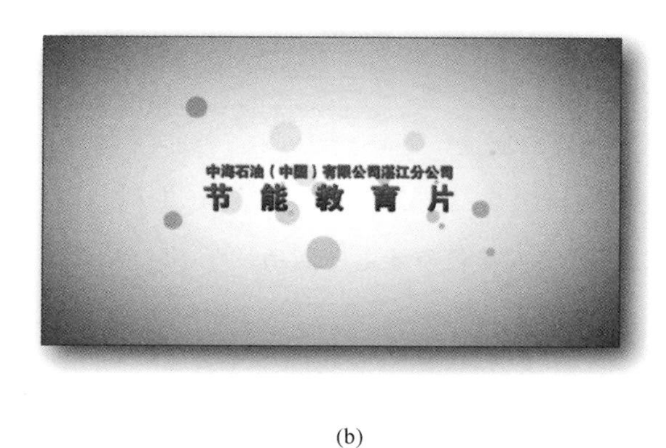

(b)

图2-16　节能教育片示意图

2.4.2.2 发行节能增效专刊

湛江分公司通过发行节能增效专刊将《节能增效与能源管理体系》宣贯、节能文化建设以及节能项目优先理念有机结合起来，进一步提升节能增效意识。《节能增效专刊》宣传了分公司节能增效理念，阐明了节能的重要意义，灌输节能意识，分享节能经典案例。节能增效专刊示意图如图 2-17 所示。

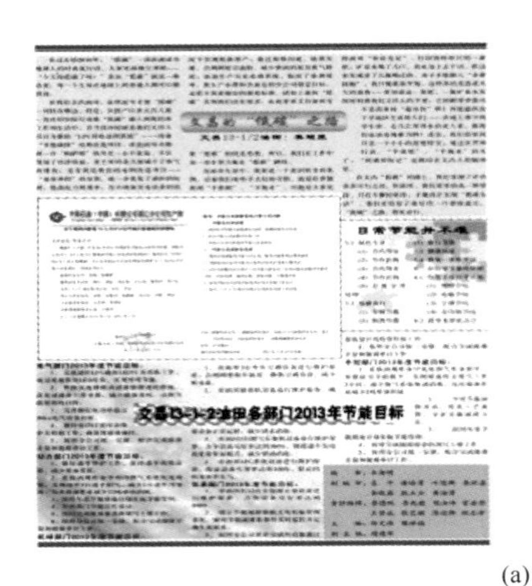

节能增效专刊

Jie Neng Zeng Xiao Zhuan Kan

节能基础知识

节能减排的意义

(a)

EnMs简介

(b)

图 2-17　节能增效专刊示意图

2.4.2.3 举办特色节能主题活动

湛江分公司举办了原创节能主题视频征集活动。16 个参赛视频故事生动、思考深入、制作精良，表现出了中海油“清洁、绿色、低碳和循环经济”的发展理念。参赛作品用节能微电影、节能主题三句半表演、节能自创歌曲等方式充分表现了湛江分公司现场各部门涌现出的节能文化、节能故事、节能达人、节能实践。

同时，现场各装置开展节能环保倡议、节能漫画制作、节能金点子大赛、“我的低碳生活”征文、“地球 1 小时”绿色节能健步走、节能辩论赛、节能签名宣誓等节能主题活动。特色节能主题活动示意图如图 2-18 所示。

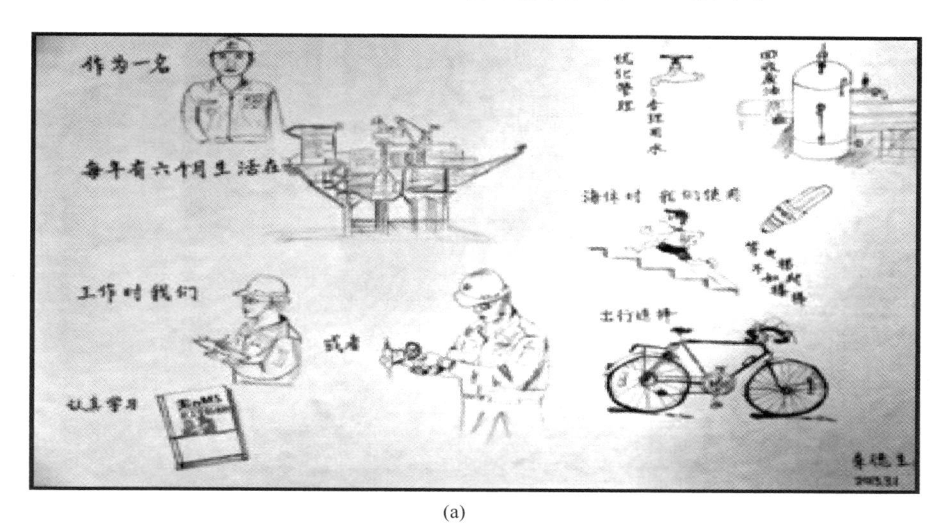

(a)

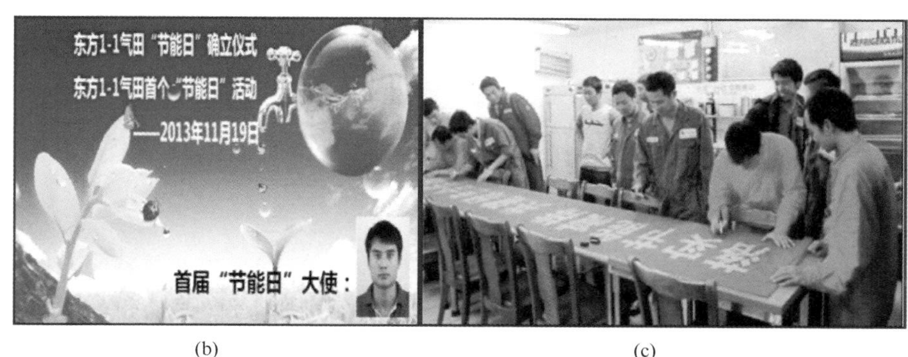

(b) (c)

图 2-18 特色节能主题活动示意图

2.4.2.4 节能关键设备特护管理

一张小小的“特护卡”，展现的不仅仅是保障节能关键设备安全运行的良苦用心，更是打造平台节能文化的一个缩影。大家争相吃透设备原理与结构，党员带头冲，团员和技术能手齐上阵，想方设法维护好平台上的节能关键设备。

海洋石油 116 开展设备节能党员先行活动，根据设备的专业特性不同以及每个人的技术水平不同，开展由工艺和维修组成的党员先行能耗设备管家小组，合理分配能耗设备，责任到人，实现设备管理从基础到深层次内部维保的目的，确保设备高效运行。节能关键设备特护管理示意图如图 2-19 所示。

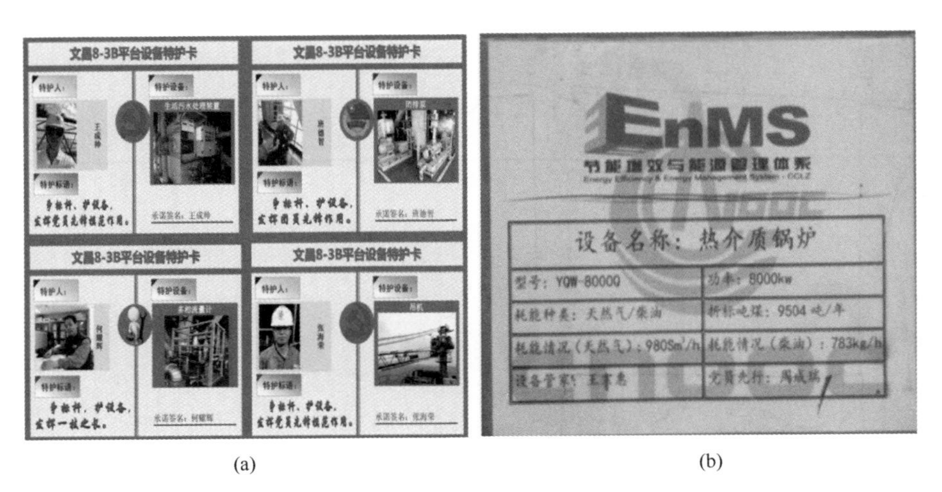

(a) (b)

图 2-19 节能关键设备特护管理示意图

2.4.2.5 推行节能 IC 卡制度

IC 系指 inspection card，巡视观察卡，是为提高生产设施节能氛围，广泛收集节能建议和意见而推行的记录卡，通过生产设施人员填写节能 IC 卡，收集节能建议并发现节能潜力。

为了规范生产设施节能 IC 卡的填写、报告和考核，明确管理职责，确保节能 IC 卡在节能工作中发挥作用，湛江分公司组织编制了节能 IC 卡管理细则。

（1）节能 IC 卡管理原则

① 非惩罚性原则 针对节能 IC 卡所反映的事件，纠正不节能行为，鼓励强化节能行为，并非以惩罚为目的。

② 全员参与原则 以此为契机鼓励员工以主人翁姿态参与到节能增效的工作中，形成全员参与的氛围。

③ 集思广益原则 更广泛地收集各方节能增效意见和建议，作为能效改进的基础。

（2）节能 IC 卡填写管理

① 填写人员根据现场巡视到的节能/不节能事件，在“节能巡视指引”页面的“巡视区域”“能源类别”“节能要素”板块以打钩的方式进行选择。

② 在《节能巡视报告》页面，填写者需选择现场所巡视到的节能/不节能事件的属性并简要描述观察到的事件，节能事件选择（P）表扬与推广，不节能事件选择（N）整改与改进，节能意见/建议选择(G) 节能金点子。

③ 一个事件使用一张节能 IC 卡，多个事件使用多张节能 IC 卡。

④ 节能 IC 卡示意图如图 2-20 所示。

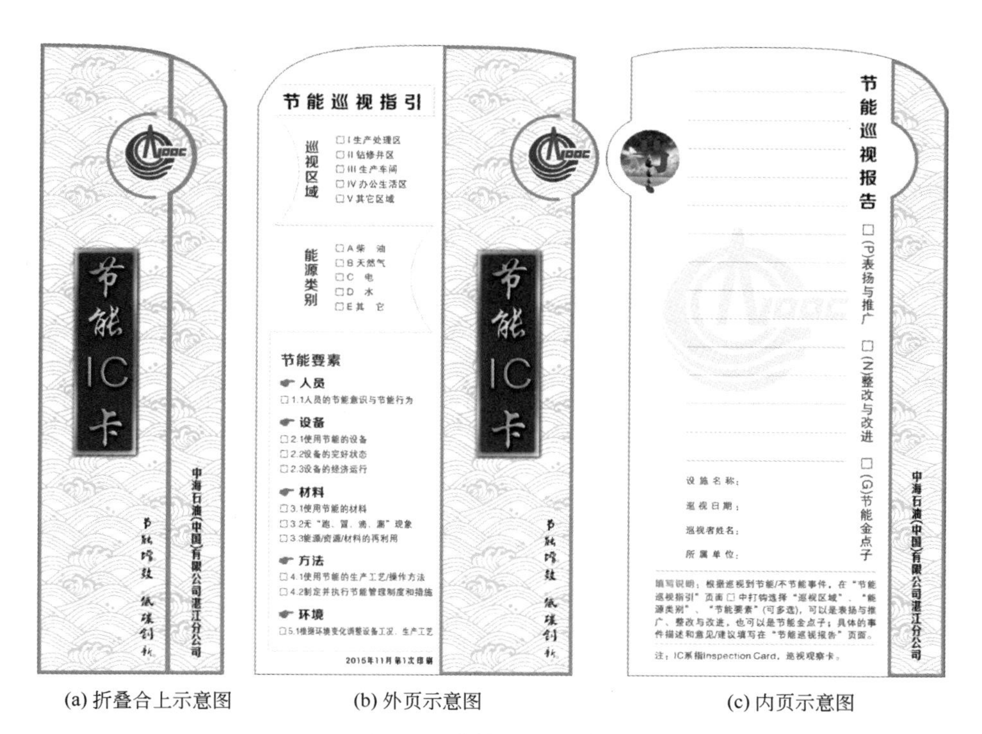

(a) 折叠合上示意图　　(b) 外页示意图　　(c) 内页示意图

图 2-20　节能 IC 卡示意图

“节能 IC 卡”外页由“节能巡视指引”与印刷信息组成，内页为“节能巡视报告”、巡视者信息和填写说明。卡片的主色调为蓝色，底纹似波浪亦似祥云，象征我们赖以生存的蔚蓝星球以及给予我们美好生活来源的海洋石油资源。外页的“CNOOC” LOGO 与内页“节”字以圆球状相互辉映，充分体现分公司“节能增效，低碳创新”的理念和以地球为本的决心。卡片是以环保再生纸制作而成，表现了绿色环保、低碳节能的观念。将“节能 IC 卡”折叠合上之后即是一枚书签，借此表达的设计理念一为记录所用，二为书签功能；时常提醒所持之人工作中常常“巡视”，生活中勿忘“节能”。

（3）节能 IC 卡报告管理

① 生产监督或其指定人员负责收集并将节能 IC 卡内容录入到统计模板（表 2-15）。

② 生产监督分析总结节能 IC 卡内容，处理巡视者反映的意见或建议，并向巡视者反馈处理结果。

③ 生产设施每季度第一个月 8 日前编制节能 IC 卡季度报告（表 2-14），上报作业公司审核。

④ 涠洲作业公司节能办公室审核节能 IC 卡季度报告，提交湛江分公司节能办公室。

⑤ 对于可以实现节能技术改进的建议或意见，生产设施总监组织进行评审，确定是否进行节能技术改造。

（4）节能IC卡考核管理

生产设施严格执行分公司节能IC卡管理细则，参评分公司“节能IC卡之星”及优秀节能技改方案。生产设施应将节能IC卡的管理作为评选节能先进班组、节能先进个人的重要依据。

表 2-14 ××生产设施节能 IC 卡季度报告表（201×年×季度）

<table>
<tr><td rowspan="13">节能巡视汇总表</td><td>节能IC卡数量</td><td colspan="2">个</td><td>同比</td><td>%</td><td>环比</td><td>%</td></tr>
<tr><td rowspan="6">巡视区域</td><td>内容</td><td>数量</td><td></td><td colspan="2">内容</td><td>数量</td></tr>
<tr><td>Ⅰ生产处理区</td><td rowspan="5"></td><td rowspan="10">节能要素</td><td colspan="2">1.1 人员的节能意识与节能行为</td><td rowspan="10"></td></tr>
<tr><td>Ⅱ钻修井区</td><td colspan="2">2.1 使用节能的设备</td></tr>
<tr><td>Ⅲ生产车间</td><td colspan="2">2.2 设备的完好状态</td></tr>
<tr><td>Ⅳ办公生活区</td><td colspan="2">2.3 设备的经济运行</td></tr>
<tr><td>Ⅴ其他区域</td><td colspan="2">3.1 使用节能的材料</td></tr>
<tr><td rowspan="5">能源类别</td><td>A 柴油</td><td rowspan="5"></td><td colspan="2">3.2 无“跑、冒、滴、漏”现象</td></tr>
<tr><td>B 天然气</td><td colspan="2">3.3 能源/资源/材料的再利用</td></tr>
<tr><td>C 电</td><td colspan="2">4.1 使用节能的生产工艺/操作方法</td></tr>
<tr><td>D 水</td><td colspan="2">4.2 制定并执行节能管理制度和措施</td></tr>
<tr><td>E 其他</td><td colspan="2">5.1 根据环境变化调整设备工况、生产工艺</td></tr>
<tr><td>节能主要关注点</td><td colspan="6"></td></tr>
<tr><td rowspan="6">节能技改方案</td><td rowspan="4">生产设施级</td><td>项目名称</td><td colspan="5"></td></tr>
<tr><td>项目内容</td><td colspan="5"></td></tr>
<tr><td>预计投资</td><td colspan="2">万元</td><td>预计节能量</td><td colspan="2">吨标准煤</td></tr>
<tr><td>实际投资</td><td colspan="2">万元</td><td>实际节能量</td><td colspan="2">吨标准煤</td></tr>
<tr><td rowspan="2">作业公司级/分公司级</td><td>建议上级评审的项目名称</td><td colspan="5"></td></tr>
<tr><td>项目内容</td><td colspan="5"></td></tr>
</table>

填表说明：节能技改方案板块，如有2个以上项目的话，可续表填写。

编制（生产监督）：　　　　　　　　　　　审核（设施总监）：

表 2-15　节能 IC 卡统计一览表

设施名称：　　　　　　　　　　　　　　　　　　　　　　　　　　______年第____季度

序号	巡视区域	能源类别	节能要素	属性	巡视报告	巡视人	所属单位	单位名称	巡视日期	处理方案	是否形成节能技改方案	月份
	Ⅰ生产处理区 Ⅱ钻修井区 Ⅲ生产车间 Ⅳ办公生活区 Ⅴ其他区域	A柴油 B天然气 C电 D水 E其他	1.1 人员的节能意识与节能行为 2.1 使用节能的设备 2.2 设备的完好状态 2.3 设备的经济运行 3.1 使用节能的材料 3.2 无“跑、冒、滴、漏”现象 3.3 能源/资源/材料的再利用 4.1 使用节能的生产工艺/操作方法 4.2 制定并执行节能管理制度和措施 5.1 根据环境变化调整设备工况、生产工艺	(P)表扬与推广 (N)整改与改进 (G)节能金点子			(1)设施人员 (2)承包商人员 (3)来访者			(1)设施处理并跟踪 (2)向上级汇报 (3)宣贯	(1)是 (2)否	

2.4.2.6　丰富的节能宣传周活动

（1）节能增效，全家总动员

涠洲 11-4 油田通过开展“节能 1＋1”活动，充分调动了员工参与节能宣传的积极性，大家通过网络、电话、邮件等方式，跟家人和朋友分享了节能宣传周的主题和意义。海休的员工也积极参与“节能 1＋1”活动。活动开展的第二天，就收集到了员工家属签名 36 个，把公司的节能理念从油田现场传递到了每位员工的家里。

作为此次活动的节能先锋，油田节能监督员组成了“节能到家”的走访宣传小组。由海休的节能监督员与海休的部分油田员工组队，走访海嫂，将油田的节能文化带到员工的陆地“大本营”。宣传培养节能低碳行为习惯，宣传普及节能节电知识，把节能低碳环保科学知识和生态文明理念深入到公司经营区域的广大用户中，倡导文明、节约、绿色、低碳的消费方式和生活习惯，树立“同呼吸、共奋斗”的公民行为准则，提高能效，节约用电。“节能到家”送去的不仅是节能文化，也带去了温馨和惦念，更收获了海嫂们的理解和支持。

（2）经验分享，制作节能专刊

通过清新的版面，精彩丰富的内容，贴近油田现场生产实际的实例，分公司和油田节能工作的宣传重点与任务，是分享一些有关节能增效、低碳环保方面的案例与素材，反思前一阶段节能工作的盲点与不足，总结并展示节能工作进展与成果，为今后节能工作的开展提供宝贵经验。节能专刊示意图如图 2-21 所示。

图 2-21　节能专刊示意图

（3）开展“生产与节能”演讲比赛

文昌 13-1/2 油田举行以“生产与节能”为主题的演讲比赛，油田各班组选派出 11 名选手参赛。参赛选手们全方位展示油田在“小革新、小改造、小设计、小建议、小发明”取得的丰硕成果。通过此次演讲比赛，充分调动了员工参与油田生产节能劳动竞赛的积极性，班组之间比创新赛创效、比质量赛效益、比成本赛效率，让“质量效益、降本增效”红旗在油田内部流动起来，形成人人争当质量效益先锋的热潮。

涠洲 11-1 油田组织举办别开生面的节能演讲主题活动。节能演讲主题活动在热烈的氛围中开展，赛场热情洋溢，简直是恨不得将演讲主题活动变成辩论赛，最后只能在意犹未尽中落幕。侧面反映了节能演讲主题活动不足以完全抒发油田员工对于节能活动的热情。

涠洲终端针对当前涠洲岛淡水资源日趋紧张的大环境，举行了以“保护水资源，节约用水”为主题的宣传演讲。旨在提高后勤部门员工日常工作生活中节约用水的意识。

（4）开展体验为主的节能宣传活动

乐东 15-1 气田采用以自主体验节能为主、被动宣传为辅的宣传方式，为员工提供更多体验节能、思考节能的机会，让员工自己去思考节能、在生活中寻找节能。

“绿色低碳、我们在行动”的分享会，为大家提供了一个分享工作生活中好的节能产品、有意思的节能理念以及如何将绿色低碳的理念灌输给下一代的教育思路等。在节能分享会中，员工都拿出自己家的节能“法宝”，向大家推荐，如：“我家用的焖烧锅，有内外两层，内胆加热十几分钟后底部的蓄热瓷片吸收大量热，然后放在真空保温的外锅里，盖好盖子汤就能在锅内翻滚 2～3h，非常适合广东家庭使用”“我建议大家使用聚能灶，之前我充 200 元燃气费，很快就用完了，使用聚能灶后，使用时间明显延长了很多”。

影片《不可忽视的真相》《地球之盐》《人类消失后的世界》《180 度以南》涵盖温室效应、环境灾难、环境治理等方面内容，通过影片凝重深刻的内涵引发员工对环保的思考。陈亚会在他的环保纪录片观后感的最后这么写道：“人类太过渺小，人类不应该想着去征服自然、改造自然，更不应该对自然造成任何侵害，而是要与自然相爱相惜。只有人类先去尊重和爱护自然，最终才会得到自然的爱护与尊重。”

能源枯竭体验日则从用水和用电两个方面，通过严格监控和限制用量，让员工感受资源稀缺时窘迫的生活状态，从而唤起大家爱惜水资源、节省能源的意识。中控根据每日平均用水量 $9m^3$，计算出体验日用水量为 $5.5m^3$，早上 8 点将淡水泵出口压力从 350kPa 降到 330kPa，同时开始监控用水量，剩余水量每少 $1m^3$ 就用广播通知大家一次。由电气部门负责给生活楼照明间接性供电，即供电 2h 断电 2h 并调高中央空调的温度。晚上 9 点生活楼里走廊、寝室的灯陆续亮起，澡房的水量也恢复正常。12h 的体验正式结束，生活楼里逐渐热闹起来。刚从澡房里走出来的梁超说：“摸黑洗澡真的不好受，工作以后洗澡的时间比以前长了，以后洗澡还是要快一些，这样才能节约水资源，希望气田多举办这样的活动，让大家养成节水节电的好习惯。”负责断电送电的电工刘涛若有所思地说道：

“今天我每次断电，出来就看到楼里一片昏暗，只有应急灯勉强地照亮过道。也许很多年以后能源真的枯竭了，会和今天一样是我们自己一手造成的。真希望节能低碳的生活方式能被更多的人接受，这才是在为我们的明天送电。”

（5）开展“节能环保日”活动

为了美化南山终端厂区环境，南山终端出台了“一人一个垃圾袋，美化整个南山厂”的“节能环保日”活动，每个月第一个星期五，全体终端人员按预先分组对厂区进行一次拉网式的垃圾清理及废旧回收专项行动，该活动的实施使得“节能环保”工作与终端实际问题结合，美化了终端厂区。

涠洲终端举行“低碳出行，海滩清洁”绿色健步走活动。在海油青年先锋队的旗帜带领下，全体员工自觉列成整齐的队伍，进行“节能低碳”步行宣传活动。途径涠洲岛西岸海滩时，员工自觉清理海岸海滩垃圾，还美丽涠洲一片碧海蓝天。活动使全体员工用实际行动来践行中海油的“节能低碳”环保理念。清洁海滩示意图如图 2-22 所示。

(a)

(b)

图 2-22　清洁海滩示意图

（6）东方终端“旧物回收”，节能节俭百人行活动推向高潮

东方终端召集全体员工及外委作业人员共百余人，为响应国家努力建设资源节约型和环境友好型社会、加强节能降碳、应对气候变化号召，结合总公司深化“质量效益年”、有限公司“守制度、提效率”活动，东方终端立足实际情况，深度挖掘现有可回收利用资源，将海管区域废旧材料分类回收再利用，培养员工节能、降本及增效的行为习惯，进一步强化员工节能减排和旧物回收的意识，营造良好节能增效氛围。

通过此次活动，废旧材料得以重获新生。活动结束后，大家也对废旧物的管理进行了讨论，并提出了更好的回收之道。东方终端也将逐步完善废旧物处置管理办法，确保废旧物回收、复用、处置各环节做到更好，将“节能有道，节俭有德”落到实处。

2.4.3 节能管理与企业管理相结合

2.4.3.1 将节能管理与生产管理相结合

湛江分公司节能管理人员参加了生产例会，了解了油气田的生产情况。节能管理经理参与前期开发项目、生产资本化项目的相关审核工作。对于新油气田开发项目，生产代表从前期研究阶段就介入项目，生产与节能两手抓。同时，生产代表协调解决前期研究阶段存在的设计问题，既管生产又管节能。与设计单位沟通，推进海水淡化、雨水回收、余热利用等好的节能技术与措施在新油气田的应用。

2.4.3.2 将节能考核指标融入“五好平台”建设以及支部达标工作中

湛江分公司在五好平台考核表及海上平台班组月度考核表中均有节能工作的考核，优秀绩效员工、五好班组及五好平台评选均和节能工作挂钩。结果表明，五好平台做得好的平台节能工作做得也好，节能工作做得好的平台五好平台评选结果也好。五好平台考核示意图如图 2-23 所示。

同时，在支部达标工作中，党支部攻坚作用中的年度业绩指标包含有节能部分。

(a)

2.5 节能减排工作	30分	所属作业区完成年度节能减排目标，得 8 分；其中任何一项未完成，总分为 0 分
		主动开展节能、节水、节电、减排措施及合理化建议：每开展一项措施并取得效果得 1 分，最多得 10 分；如单项措施年节能量超过 500t 标准煤，则另加 1 分，最多加 5 分
		配备能够完整地计量自用原油、柴油、天然气消耗量以及自发电量或输入电量的能源计量器具，每日定时计量和记录，得 3 分；建立能源计量器具管理档案，有明确的计量器具校验程序，定期实施自检或校验并做好记录，得 2 分
		建立自用原油、柴油、天然气的日消耗量及日自发电量或输入电量的原始消计台账，并确保其准确性，得 2 分
		建立节能减排现场管理制度，将职责明确落实到岗位及个人，得 5 分；组织开展节能减排的现场培训工作，得 5 分

(b)

图 2-23 五好平台考核示意图

Chapter 03

第3章 海上油气田节能减排技术良好实践

3.1 放空天然气回收技术应用

3.1.1 放空天然气回收技术总体路线

3.1.1.1 放空天然气来源

海上油田存在伴生气资源。伴生于原油的烃气称为天然气，并以“自由”气或“溶解”气形式存在。在标准条件下，天然气的相对密度变化为0.55～0.99。自由气是在操作压力和温度下呈气相存在的烃，自由气可以指任何压力下不处于溶解状态也不由于物理作用使其保持液态烃状态的任何气体。溶解气在一定压力和温度下均匀溶解在油中，减压和（或）增温可导致气体从油中逸出，并具有自由气特性。

原油中常含有溶解气，随着压力降低，溶于原油中的气体膨胀并析出。油气分离包括两方面的内容：一是使油气混合物形成一定比例和组成的液相和气相；二是把液相和气相用机械的方法分开。油气分离方式大致有三种：一次分离、连续分离和多级分离。分离器分离出的天然气进入燃料气系统中，燃料气系统将天然气脱水后分配到各个用户。平台上的用户一般为：燃气透平发电机、热介质加热炉、蒸汽炉等。对于某些油田来说，天然气经压缩可供注气或气举使用。低压天然气可以作为密封气使用，也可以用作仪表气。但部分海上油田在投产以后，除了生产设施自用与外输外，还有每天几万到几十万立方米的富余天然气放空到火炬燃烧，产生温室气体排放到大气中，造成大气污染，同时也造成清洁能源的浪费，不符合节能减排政策。

海上气田放空天然气主要是长明灯用气、凝析油聚结分离器用的覆盖气或闪蒸气、脱水介质的闪蒸气、污水处理系统的溶解气等。正常情况下放空天然气量很小，但在部分气田终端，脱碳系统闪蒸气存在放空的问题。

3.1.1.2 放空天然气回收总体思路

(1) 海上气田放空天然气回收思路

气田在正常操作条件下长明灯用气、脱水介质的闪蒸气、污水处理系统的溶解气，这些天然气因量小而无工业回收价值。

凝析油聚结分离器用的覆盖气或闪蒸气可根据气田不同而开发时期设计流程，使该部分天然气得到回收利用。通过上述流程优化调整后，一方面减少了去火炬系统的燃烧天然气量，另一方面使火焰浓烟程度变小（因凝析油聚结分离器分离出来的气体含重组分较多）。

海上气田放空天然气回收示意图如图 3-1 所示。

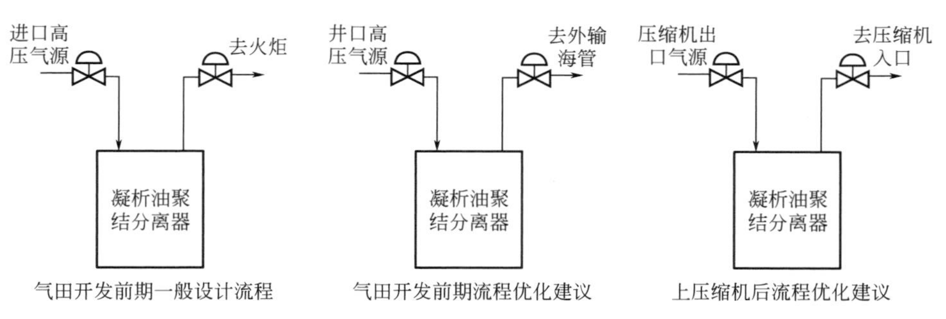

图 3-1 海上气田放空天然气回收示意图

(2) 海上油田伴生气中 LPG 回收思路

油田伴生气中除含甲烷、乙烷外，还常常含有易挥发有机混合物（VOC，通常可分为液化气和凝析油），回收 VOC 并将其进行分离后生产液化气和轻烃。

冷剂制冷分离属于冷凝分离法，它是利用物质相变的吸热效应对原料天然气制冷，使轻烃冷凝而实现与干气的分离，适合于天然气具有 C_3^+ 含量较高、压力偏低、可用压差小、装置的处理量较小等特点。如某油田 VOC 回收装置主要由三大模块组成：

① LPG 回收处理系统　它包括 LPG 回收处理橇、热油系统改造、冷却水橇。

② LPG 外输站　它包括外输泵橇、外输计量及外输软管残液回收橇、外输滚筒橇。

③ LPG 储罐　共有四个储液罐，每个储液罐 $700m^3$，共储存 $2800m^3$ 的 LPG。工艺流程图如图 3-2 所示。

(3) 富余天然气回注地层储存或用于提高采收率思路

一般油田油藏由几个断块构成，通过精细研究油藏断块，找出适合天然气存储或利于提高采收率的油藏断块，向该油藏断块注入压缩后的天然气，以用于提高油田采收率或油田后期缺气时再开发利用，以达到节约资源（天然气）、节约二次能源（柴油）或增油的目的。伴生气回注地层还包括井筒工艺及饱和天然气

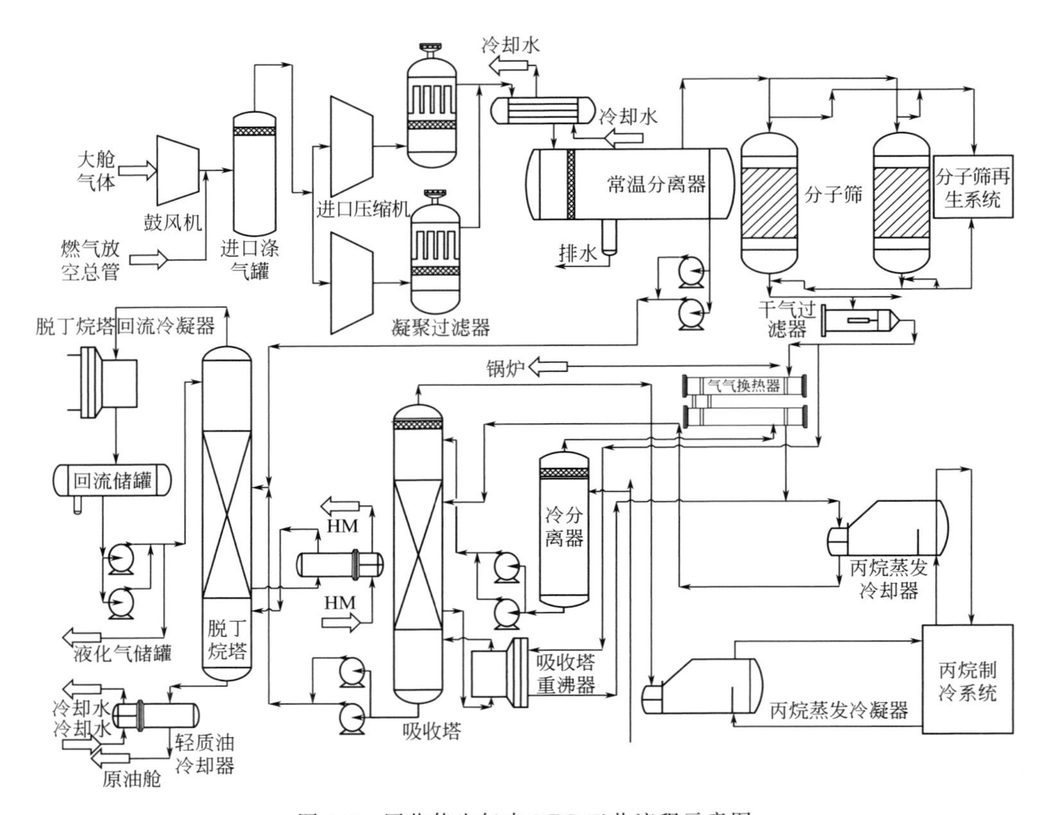

图 3-2 回收伴生气中 LPG 工艺流程示意图

水化物预防措施的配套研究。一个中等规模油田的伴生气除了设施自用外，富余的天然气量一般在每天几万到几十万立方米不等，小排量的高压天然气压缩机比较适用。富余天然气回注地层工艺流程示意图如图 3-3 所示。

（4）小型航空涡轮燃气发电机发电回收小气量的伴生气思路

当一个油田伴生天然气量在每天几万立方米左右时，用于回注或回收的经济效益较差，如果采用可移动的小型航空涡轮发电机将伴生气转化为电能，减少油田用一次能源（原油）或二次能源（柴油）发电的消耗量，以达到减少放空量和节约一次能源或二次能源消耗的双重目的。利用小型航空涡轮燃气发电机发电的工作原理图如图 3-4 所示。

（5）小型压缩机和轻烃泵回收富余天然气、轻烃思路

有登陆海管的海上油气处理设施，天然气在压缩、冷却、分离等过程中，会产生一部分低压轻烃，在先期的设计过程中，一般是回到原油稳定分离系统，这部分轻烃在原油稳定过程又分离出来，重新回到火炬放空系统。另外，原油在稳定分离过程中每天有几万立方米左右的伴生天然气量，因压力低就放空到火炬放空系统燃烧。如果把油气处理设施中分离出来的低压轻烃集中起来通过轻烃泵增

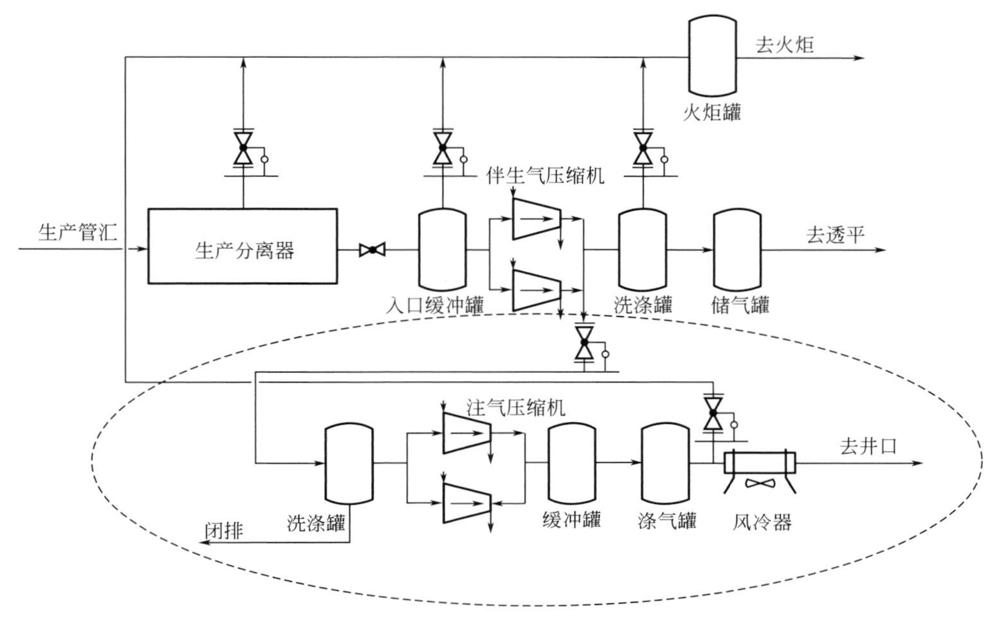

图 3-3 富余天然气回注地层工艺流程示意图

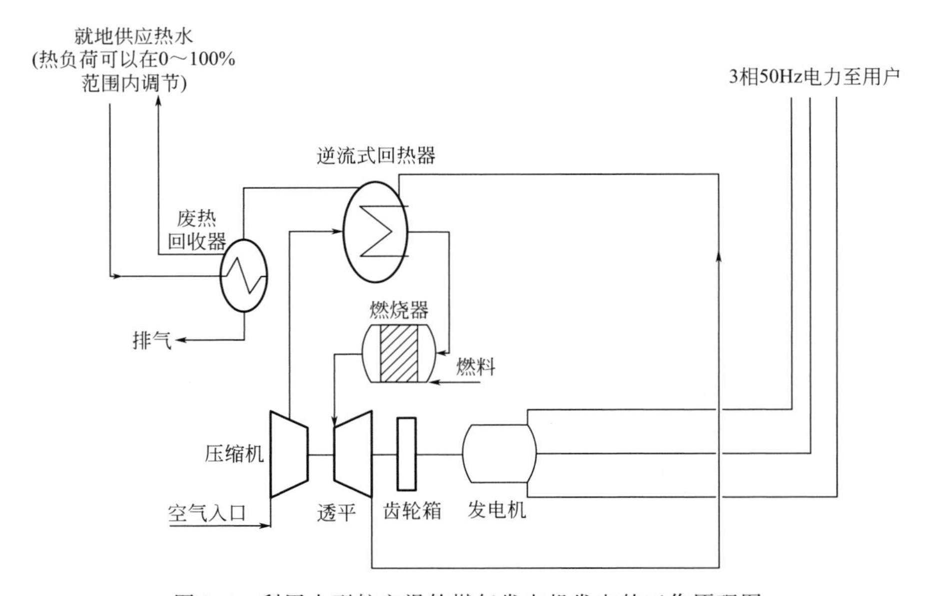

图 3-4 利用小型航空涡轮燃气发电机发电的工作原理图

压后直接外输到海管，在陆岸进行综合处理，不让其在海上设施循环放空到火炬系统燃烧，可以减少轻烃的排放量，用小型天然气压缩机把油田的伴生气压缩后进入天然气处理系统外输。

（6）用海底输气管网实现天然气并网减少天然气放空的思路

用海底输气管网实现天然气并网，从而使得区域内油气田富余伴生气和地层气综合利用，减少天然气放空量。

随着区域油田开发战略的实施，根据区域勘探评价和产能规划研究成果，结合区域潜力前景展望分析，在技术可行、经济合理的前提下，统筹考虑已开发项目设施、在开发项目滚动开发计划以及周边小油田接入的可行性，将若干区块或构造作为一个开发整体区域或一个油田来开发，进行全面规划、分步实施，以达到所有资源的共享。建设区域输气管网统一调配气源可解决有的油田富气，有的油田缺气问题；还可以与陆岸终端连接，达到向陆地输气最大化的目的。区域联网供气项目示意图如图 3-5 所示。

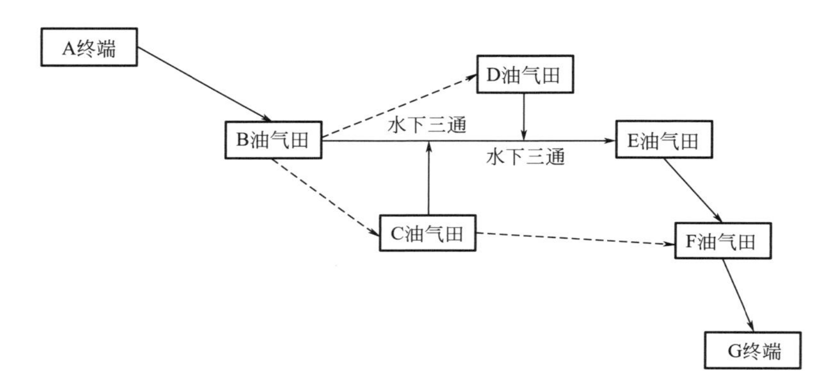

图 3-5　区域联网供气项目示意图

综上所述，可以通过压缩、回注、发电、外输、流程优化调整等技术，减少放空到火炬系统的天然气，达到收益、节能、减排三重目的。

3.1.2　放空天然气回收技术应用情况

湛江分公司海上油田放空的天然气主要集中在涠洲油田群以及文昌 13-1/2 油田。涠洲油田群通过利用闲置海管、压缩低压天然气至终端、天然气并网等措施大大减少了放空至火炬的天然气。文昌 13-1/2 油田通过在南海奋进号上回收伴生气中的 LPG，从而减少了伴生气的放空。东方终端通过压缩脱碳系统的闪蒸气从而回收放空天然气。

3.1.2.1　涠洲火炬放空天然气回收项目

（1）项目概况

涠洲油田群在石油开采过程中，产生大量的伴生气，这些伴生气汇集到北部湾涠洲油田群的中心枢纽平台 WZ12-1PUQB，部分经过平台上的天然气压缩机输送到涠洲终端，经过终端处理后，再供给下游用户使用；部分经过注气压缩机注入地层驱油或供涠洲 6-1 油田气举生产；部分作为油田燃料气；部分放空至火炬燃烧。

为了积极响应国家节能减排的号召，同时增加公司天然气产量，提高经济效益，湛江分公司成立项目组对涠洲油田群放空天然气进行区域规划，综合利用。由于新建了一条从涠洲 12-1 油田到涠洲终端的 16in（1in＝0.0254m，余同）海管，原 12in 的管线通过校核，具备低压输送天然气的能力，下游有相应的天然气用户。因此，通过对涠洲 11-1 平台、涠洲 12-1 平台、涠洲终端相应的工艺系统进行适当改造，同时在涠洲 11-1 平台增加小型压缩机、在涠洲终端增加两台压缩机，即可实现涠洲油田群火炬放空天然气回收利用，基本上可以熄灭火炬，达到节能减排、增加经济效益的目的。

涠洲火炬放空天然气回收项目主要包括三部分具体工作：

① 在涠洲 11-1 平台增加一台小型压缩机，对该平台低压系统的放空天然气进行压缩并混输到涠洲 12-1 平台。

② 对涠洲 12-1 平台到涠洲终端的 12in 海管及相关的工艺管线进行改造，将涠洲 12-1 平台上的放空天然气通过海管输送到终端轻烃处理系统。

③ 在涠洲终端增加两台压缩机，将从 12in 海管输送过来的天然气进行增压处理，进入轻烃回收流程，并作为终端产品进行销售。

（2）项目方案

① 涠州 12-1 平台油田天然气回收流程改造　经过流程改造，把位于涠洲 12-1A 平台上的一、二级分离器，涠洲 12-1B 平台来油分离器和位于 PAP 平台上的段塞流捕集器的压力控制阀放空的气体汇总到涠洲 10-3 段塞流捕集器，经段塞流捕集器脱液后通过 12in 海管输送到终端。

涠洲 11-1 的原油上到涠洲 12-1A 平台后进入段塞流捕集器，分离出来的天然气进入 PAP 火炬分液罐，改造 PAP 火炬分液罐的出口管线，新增一路管线接入 PAP 三甘醇回收罐出口管线，这条管线已经通过栈桥连接到 PUQ 平台收球区。

PUQ 平台一级分离器和 B 平台来油分离器通过流程改造接入 PAP 过来的 8in 气管线，与 PAP 捕集器放空的气体汇总后一起进涠州 10-3 段塞流捕集器；二级分离器改造后的流程直接接入涠州 10-3 段塞流捕集器。段塞流捕集器出口 6in 管线放大到 8in 后接入 12in 海管。为了确保捕集器的安全，把压力控制阀出口接入火炬放空系统。

改造后所有分离器压力控制阀下游的隔离阀保持关闭，压力控制阀释放天然气通过改造后流程汇总到段塞流捕集器，经捕集器脱液后通过 12in 海管输送到终端，最终实现零放空。

涠州 12-1 油田天然气回收流程改造示意图如图 3-6 所示。

② 涠洲 11-1 油田天然气流程改造与增加压缩机组

a. 天然气回收流程改造　涠洲 11-1 油田的伴生气从 A4 井分离器分离出来，

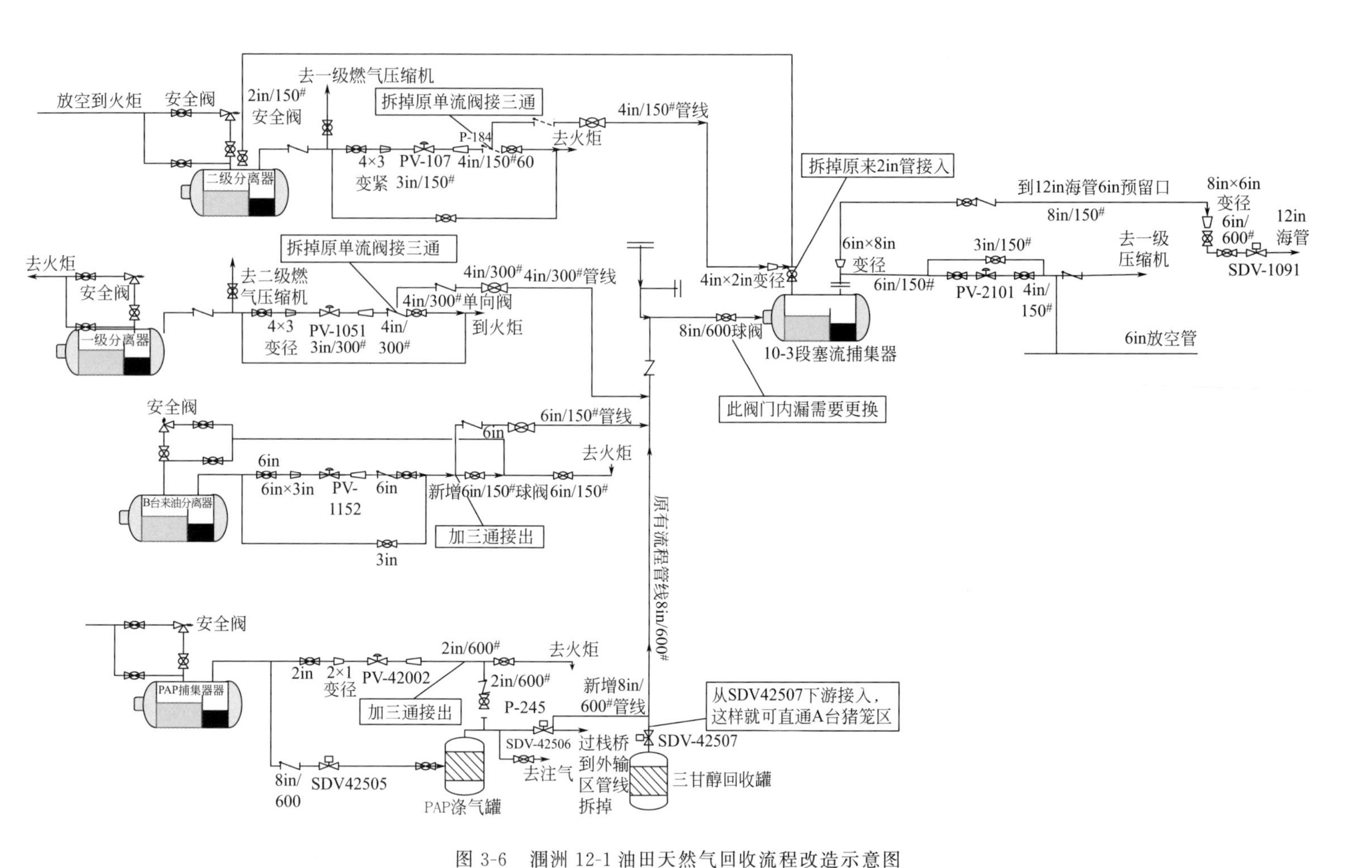

图 3-6 涠洲 12-1 油田天然气回收流程改造示意图

经气相出口 PV 阀降压后进入火炬分液罐。从 A4 分离器气相出口 PV 阀前取气可以提高压缩机入口压力，减少压缩机的级数，可以节省占用空间，同时还可以节省投资。

从 A4 井分离器气相出口引气先经入口涤气器去除气体中的液体颗粒和杂质，再经新增压缩机二级增压到 1800kPa(G)，满足供给伴生气系统用气的压力要求，分一支路与现在燃料气系统并联起来，同时保留原有伴生气供应管线上的压力控制阀，并降低压力设定点到 1750kPa，这样伴生气系统可以有两路供气。两路供气可以增加透平的稳定性，形成备用关系。

b. 新增压缩机方案　为了回收涠洲 11-1 平台的低压天然气，需增加一台压缩机，尺寸为 2800mm×4170mm×5200mm。压缩机布置在中层甲板吊装区附近（原燃料加热器撬位置），需要将燃料加热器撬拆卸移位。在燃料气冷却器上面增加一个操作台，将燃料气加热器撬安装到操作台上面。燃料气加热器撬移位以及管线改造后，可利用空间为 3500mm×6700mm×5696mm。

压缩机冷却方式有两种：水冷和风冷。由于平台海水提升泵目前实际排量为 $250m^3/h$，压缩机若采用水冷，所需冷却水量为 $48.5m^3/h$，现有海水提升泵排量无法满足改造要求，需要更换大排量的海水泵及增大海水管线管径，改造工作量较大，所以新增压缩机采用风冷。

③ 涠洲终端厂区增加 2 台天然气压缩机组与流程改造

a. 工艺流程改造方案　涠洲 12-1PUQB 到涠洲终端的 12in 海管起点压力 1000kPa(G)、上岸压力 300～400kPa(G) 条件下的输送能力是 34 万立方米/d，上岸的是低压湿天然气，要经过增压至 2200kPa(G) 方能进入轻烃回收装置进行轻烃回收。

现在终端内已有两台并联运行的天然气压缩机（C-B02A/B)，处理能为 7 万立方米/d，已处于满负荷运行工况；为满足 12in 海管低压天然气的增压要求，需新增两台并联运行的天然气压缩机，单台处理能力为 10 万立方米/d，新增压缩机组与原有压缩机组并联运行。经过核算，现有的二级压缩机出口分离器 V-B07 处理量不满足改造后要求，需要新增一个未凝气压缩机出口分离器用于处理新增压缩机组出口天然气。

改造后的流程为：12in 海管天然气上岸后进入捕气器（V-B30B)，再通过厂区已建成的 8in 管线连接到新增天然气压缩机组（C-B02C/D）入口，天然气先后经过压缩机进口分离器、一级压缩、一级出口淡水冷却器、压缩机级间分离器、二级压缩、二级出口淡水冷却器、二级压缩机出口分离器，最后汇合原有两台压缩机出口一并进入轻烃回收装置。

b. 总图专业改造方案　经过与压缩机厂家的沟通，两台压缩机撬布置空间约为 12000mm×7500mm，四台冷却器布置空间约为 9000mm×7500mm。经现场测量，轻烃回收区已有空地面积为 20000mm×10500mm，新增的两台压缩机及出口冷却器有足够的空间布置。

经过专业工艺计算校核，原来 2 台压缩机的出口分离器处理能力为每天 14 万立方米，已达满负荷运行，需要在 2 台新增压缩机组的出口增加一台分离器，处理能力为每天 19 万立方米。经过现场调研，新增分离器可布置在原分离器南侧。

（3）节能效果分析

① 项目实施前、后生产运行情况　该项目为管线改造和海管维保启用改造项目，项目实施前天然气无法回收到涠洲终端，通过火炬放空燃烧，造成了能源浪费，项目实施后通过 12in 海管可将大部分低压放空天然气回收，实现了资源的回收利用。该项目生产运行情况均以管线回收天然气进行统计核算，项目实施后（2012 年 3 月～2013 年 3 月）的回收情况如表 3-1 所示。

表 3-1　项目实施后的天然气回收量

项　目	项目实施后
天然气回收量/10^4m^3	4245.0197

② 项目实施前、后能耗状况　该项目实施前，由于 8in 海管承运能力有限，低压气体几乎全部放空火炬燃烧处理，造成巨大浪费，但由于当时并无实际放空量计量，项目实施前能耗无统计。项目实施后，可通过 12in 海管将大部分低压天然气回收，产生巨大节能量。项目实施后，并无增加设备，也无增加装置能耗，仅改造部分管线，利用天然气自有压力，将天然气回收至陆地终端。因此该项目实施前、后并无能源消耗变化。

③ 节能量计算　根据《企业节能量计算方法》（GB/T 13234）和《节能技改项目节能量审核规范》（Q/HS13014），该项目节能量计算如下。

结合表 3-1，该项目节能量计算过程如下：

$$E_u = M \times 1.797 = 42450197 \times 1.797 \times 10^{-3} = 76283.004\ (\text{tce}) \quad (3\text{-}1)$$

式中，E_u 为年节能量，tce；M 为统计期回收天然气量，m^3；1.797 为天然气折标系数，$kgce/m^3$。

由上式可知，涠洲火炬放空天然气回收项目实施后可实现年节能量 76283.004tce。

3.1.2.2　涠洲油田群区域天然气并网项目

（1）项目背景

湛江分公司在涠洲 11-1 平台上增加压缩机后，将涠洲 11-1A/涠洲 11-4N/涠洲 11-1N 三个平台的低压天然气进行增压后输送到涠洲 12-1 油田。因涠洲 11-1A 到涠洲 12-1PAP 的 12in 海管在 2012 年输量将达到 4900～5100m^3/d 液量，气量在 12 万～14 万立方米/d，外输压力在 2.5～2.7MPa。据此，12in 海管的安全运行存在很大的风险。

此项目从涠州 11-1A 平台铺设一条 3in 2.3km 软管旁输至涠州 11-4D～涠州 12-1A 平台的 28.5km 8in 输气管线上，将极大地缓解涠州 11-1A 到涠州 12-1PAP 12in 海管的外输压力。涠州 11-1 低压天然气增压后进入涠州 11-4D～涠州 12-1A 平台的 8in 输气海管，可以直接通过涠州 12-1A～涠州 IT 12in 海管输往涠洲终端；同时，也考虑当自强号撤离后，涠州 11-1A 透平机用气不足时，通过这条管线把涠州 12-1 油田的天然气反输到涠州 11-1 油田，给涠州 11-1A 平台透平机组供气。项目总体方案示意图如图 3-7 所示。

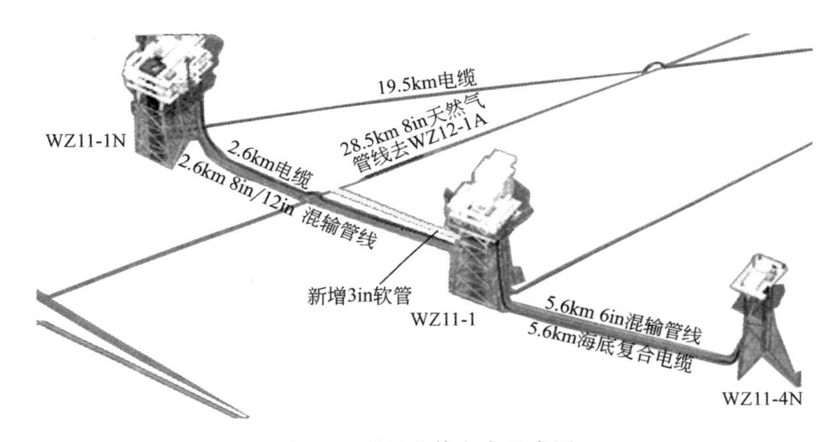

图 3-7　项目总体方案示意图

（2）项目方案

① 工艺流程改造方案　为了减小涠州 11-1A 至涠州 12-1PAP 平台 12in 海管的硫化氢腐蚀影响，降低海管入口压力至 3.0MPa 以下，并保证涠州 11-1A 平台透平机组用气，从涠州 11-1A 平台铺设一条 2.3km 3in 复合软管与涠州 11-4D 至涠州 12-1A 平台的 28.5km 8in 输气管线相连接，将涠州 11-1A 平台低压气输送至涠州 12-1A 平台，减少 12in 海管的输量及降低海管输送压力。同时，也可利用 3in 复合软管与 8in 输气管线将涠州 12-1A 平台天然气反向输送至涠州 11-1A 平台，供透平机组用气。新铺 3in 复合软管与原有 8in 输气管线相连，实现涠州 11-1A 与涠州 12-1A 平台间天然气互相输送，涉及两个平台工艺系统的改造如下：

a. 涠州 11-1A 流程改造　2012 年涠州 11-1A 平台完成了低压放空天然气回收项目，增加了一台压缩机，将涠州 11-1A 和涠州 11-4N 低压气增压输送至涠州 12-1A 平台。新铺 3in 复合软管后，将压缩机增压后的天然气通过一条 3in 管线接入 3in 复合软管。

b. 涠州 12-1A 流程改造　为实现涠州 12-1A 平台天然气反向输送至涠州 11-1A 平台，从涠州 12-1A 平台压缩机出口引一路 3in 管线接入涠州 11-4D 至涠州 12-1A 海管出口位置。

② 配管改造方案　从涠洲 11-1A 平台铺设一条 3in 2.3km 软管旁输至涠洲 11-4D 至涠洲 12-1A 平台的 8in 28.5km 输气管线上。由于涠洲 11-1RP 平台有预留法兰盘，因此考虑将旁通软管先输送至涠洲 11-1RP 平台，再经过栈桥，连接至涠洲 11-1A 平台压缩机。

涠洲 11-1 平台天然气压缩机 3in 出口管线经平台管廊，穿过栈桥后至涠洲 11-1RP 平台预留下海管位置。经核实，栈桥具备足够空间进行管线布置。管线大致走向如图 3-8 所示。

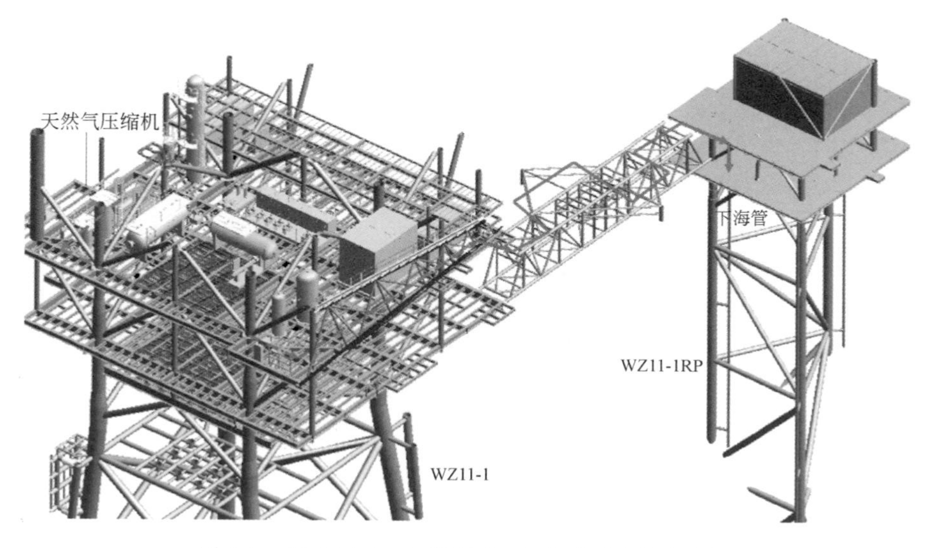

图 3-8　涠洲 11-1A 至涠洲 11-1RP 管线大致走向图

③ 仪表改造方案　涠洲 11-1A 平台 PCS 系统采用 EMERSON 公司的 Delta V，ESD 和 F&G 系统采用 Rockwell 公司的 PLC，三个系统相互独立，但共享操作界面、工作站、打印机、通信设施等。

根据工艺流程要求配备相应的仪表，相关区域如有必要则增加相应的火/气探头，相应的 PCS、ESD 和 F&G 信号送涠洲 11-1A 原控制系统进行监控。需对原控制系统进行新增仪控信号的组态改造，关断逻辑进行相应修改，以实现新增的控制功能。涠洲 11-1A 原控制系统余量能够满足新增仪控信号的接入要求。

④ 海管方案

a. 海管工艺部分　从涠洲 11-1A 平台新铺设一条 3in 2.3km 软管，接至现有的涠洲 11-4D 至涠洲 12-1A 平台的 8in 输气管线上。原 8in 管线总传热系数取 $24W/(m^2 \cdot ℃)$，新增软管热导率为 $0.4W/(m \cdot ℃)$，管材相对密度 1.75，最高工作温度 70℃。

根据不同的输气要求，核算海管的最大输气量如下：

(a) 涠州 11-1 通过 3in 软管和 8in 海管到涠州 12-1A 的最大输送量　按照涠州 12-1A 端 8in 海管上岸压力 0.6MPa 计算，3in 软管的最大流速为 15m/s 时，对应的海管最大输量为 45000Sm^3/d，此时海管入口压力为 1100kPa(G)。

(b) 涠州 12-1 通过 8in 海管和 3in 软管输气到涠州 11-1 的最大输送量　按照涠州 12-1 端 8in 海管下海管压力 2.3MPa(G)，涠州 11-1 上岸压力 1.8MPa(G) 计算，在海管进口压力 2.3MPa(G)、出口压力 1.8MPa(G) 下，海管最大输量为 70000Sm^3/d。

b. 海管结构部分　该海管为低压天然气管，立管段采用 3in 钢管，平管段采用 3in 软管。低压天然气增压后，从涠州 11-1A 通过 3in 软管和 8in 海管到涠州 12-1A 至涠州 IT 12in 海管输往涠洲终端；同时，当自强号撤离后，涠州 11-1A 透平机用气不足时，低压天然气增压后，从涠州 12-1A 通过 8in 海管和 3in 软管输气到涠州 11-1A，给涠州 11-1A 平台透平机组供气。

新增海管参数如下：

管线长度：	2.3km
管径：	3in
最大操作压力：	2.3MPa
最高操作温度：	45℃
腐蚀裕量：	3.1mm
设计寿命：	15 年

(a) 立管段结构　在位分析包括环向应力，由温度、压力引起的轴向应力，水力压溃计算及扩展屈曲应力校核，组合应力分析。对管道进行分析，并考虑内压和温差，进行应力组合，使管道满足规范要求。通过在位计算，确定管道材质及管道壁厚。

同时开展了 VIV 校核。在波流的作用下，立管会受到 VIV 影响。涠州 11-1RP 平台预留法兰盘间距均为 5m，所以要求立管的悬跨长度大于 5m。经计算，3in 输送管线不满足要求，必须增加护管。选用直径为 273.1mm 和 323.9mm 护管进行 VIV 计算。从计算结果来看，直径为 273.1mm 的护管在 0.1H（H 代表水深）位置处小于 5m，不满足要求，因此选用直径为 323.9mm 的护管。

经以上分析，涠州 11-1A 平台立管结构设计计算结果如下：

内管：88.9mm(O.D.)×7.6mm(W.T.)，API PSL2 X65 SML；

护管：323.9mm(O.D.)×12.7mm(W.T.)，API PSL2 X65 SML。

(b) 平管段结构　平管段采用复合软管，典型软管主要包括以下几部分：耐磨层、内衬管、承压铠装层、承拉铠装层及保护层。复合软管示意图如图 3-9 所示。

涠州 11-1A 平台旁输至涠州 11-4D 至 12-1A 平台 8in 海管的新增 3in 复合软管选用管内径 74mm，介质为天然气的 40m 水深的海底管线应用，具体参数见表 3-2。

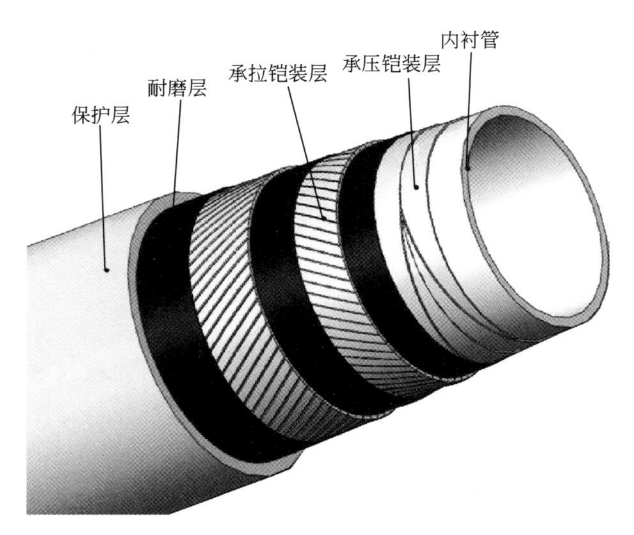

图 3-9　复合软管示意图

表 3-2　复合软管参数

序号	名称	规格参数	单位	备注
1	外径	126	mm	
2	内径	74	mm	
3	最大连续长度	600～900	m	
4	设计压力	13	MPa	
5	工作压力	11	MPa	
6	试验压力	≥16.9	MPa	
7	爆破压力	≥39	MPa	
8	最高工作温度	70	℃	
9	热导率	0.4	W/(m·℃)	
10	内管当量粗糙度	0.0015	mm	
11	最小弯曲半径	1.6	m	
12	在空气中的单重	21.991	kg/m	
13	在水中空管的重量	9.42	kg/m	
14	相对密度	1.75		
15	卷筒管重量	13～20	t	
16	最大工作水深	80	m	
17	弯曲刚度	15	$kN \cdot m^2$	
18	最大的轴向拉力	13	t	
19	扭曲刚度	27	$kN \cdot m^2/r$	
20	卸压阀打开压力	0.47	MPa	
21	卸压阀关闭压力	0.33	MPa	

c. 海管防腐方案　从涠洲 11-1A 平台新铺设一条 2.3km 3in 软管，接至现有的涠洲 11-4D 至涠洲 12-1A 平台的 8in 输气管线上，设计年限为 15 年，立管采用双层碳钢管，因此需要对立管进行防腐处理。立管在服役期间基本不考虑维修，而且所处环境的腐蚀性比较强，一般对外防腐要求较高。海底管道外管的外防腐采取防腐涂层与阴极保护的联合保护方法。

该工程立管为双层管，最高操作温度为 45℃，立管外防腐涂层采用 3LPE 涂层系统，总厚度应不小于 3.1mm。立管飞溅区所处环境比较恶劣，对外防腐涂层的要求更高，要求涂层具有：良好的耐冲击和耐磨等机械性能，如冰地冲击和磨损；良好的耐老化性能；良好的防腐性能；良好的耐阴极剥离性能等。

立管阴极保护可采用外加电流和牺牲阳极两种类型。由于牺牲阳极保护法技术成熟，性能可靠，不需外部电源，简单易行，不需专人管理，对其他设施没有干扰，造价也可以接受，因此，立管采用牺牲阳极保护法。

（3）节能效果分析

涠洲油田群区域天然气并网项目每天可回收涠洲 11-1A 平台天然气约 $5.5\times10^4m^3$，其中高压分离器直接外输 $2.5\times10^4m^3$，天然气压缩机回收低压分离器低压气 $3\times10^4m^3$。全年节约天然气折标准煤：$11\times5.5\times365=22082.5$(tce/a)。

3.1.2.3　文昌 13-1/2 油田 LPG 回收项目以及综合调整

（1）项目背景

① 文昌 13-1/2 油田简介　文昌油田距离中国海南省文昌市 136km，油田所处海域水深 117m。文昌 13-1/2 油田由两个井口平台和一艘没有航海动力的“奋进号”浮式生产处理储油轮（FPSO）组成，两个井口平台通过各自的海底管线把井液输送至储油轮。文昌 13-1 井口平台有 12 口井，文昌 13-2 井口平台有 12 口井，全部采用电潜泵生产。FPSO 利用内转塔式不解脱单点系泊，油轮总吨位 15 万吨，可以处理、储存和外输原油，油轮设计处理能力为 300 万吨/a，油田伴生气日产 16 万～18 万立方米，全部在油轮的火炬中燃放。

基于保护环境及节能降耗的想法，用实际行动履行国有企业的社会责任，湛江分公司于 2004 年初成立了项目组，正式启动了油田 LPG 回收项目的研究。

②项目实施前天然气排放及利用状况

a. 原油处理系统　原油从井口平台经电潜泵采出后，汇入总管汇，注入破乳剂和防腐剂，经输油管线进入 FPSO 单点，经过三个并行的一级三相高效分离器、二级三相高效分离器，脱水后的原油冷却后进入货油舱。

b. 天然气处理系统　来自原油处理系统中一级分离器的气体经前冷却器冷却至 40℃，然后进入涤气罐进行油气分离，分离后的气体分别进入压缩机和另外两个用户（热介质锅炉及火炬长明火）。往复式压缩机把气体压缩至 2100kPa (A)，经冷却器冷却至 40℃，然后进入过滤器除去直径大于 5μm 液滴后进入涤气罐，在供透平使用前，经加热器加热至 60℃，压力 2050kPa(A)。压缩机排量为 4100Sm^3/h。

系统所处理的气体主要供给透平发电机组、热介质锅炉及火炬长明火。没加装 LPG 回收处理装置之前，伴生气经涤气罐后到火炬放空烧掉。

c. 天然气消耗现状以及存在的主要问题　文昌 13-1/2 油田发电透平机组用气来自一二级分离器分离出来的伴生气，电力全部来自发电透平机组。2005～2007 年天然气消耗量如表 3-3 所示。

表 3-3　2005～2007 年天然气消耗量

年份	天然气放空量/10^4m^3	(自耗)天然气/10^4m^3
2005 年	1334	3850
2006 年	1141	3496
2007 年	1188	627

注：自耗天然气主要用来给透平发电和锅炉用。

油田排放的主要污染物为二氧化碳。二氧化碳主要由天然气燃烧后产生，主要天然气用户有火炬、透平和锅炉。

奋进号 FPSO 每天生产约 8000m^3 优质原油。在生产过程中，一级和二级分离器析出大量的油田伴生气，目前这些气体除发电外均送火炬燃烧外排，燃烧外排气量约为每天 30×10^4Sm^3，伴生气中富含重组分，C_3 以上组分含量高达 46% 以上，燃烧时产生大量黑烟。经气质分析确认该气中富含轻烃，这是燃烧时产生黑烟的主要原因。

(2) 项目改造方案

① 工艺方案选择　油田伴生气中除含甲烷、乙烷外，还常常含有易挥发有机混合物（VOC，通常可分为液化气和凝析油）。回收 VOC 并将其进行分离后可生产液化气。以油田伴生气为原料回收 VOC 并生产液化气的方法主要有冷凝分离法、油吸收法、吸附法和膜分离法等。

冷凝分离法是最为常用的方法，其制冷方式有冷剂制冷、膨胀制冷和联合制冷。

油吸收法是基于天然气中各组分在吸收油中溶解度的不同而回收 VOC 的方法。该方法投资和操作费用均较高，20 世纪 70 年代以来已渐渐被冷凝分离法所取代。

吸附法是使用固体吸附剂在常温下从油田伴生气中吸附 VOC 组分，而后升温将 VOC 组分解析回收的方法。此法的优点是装置不需特殊材料和设备，缺点是需要切换操作，装置能耗高，其燃料气消耗约为进料气量的 5%，故应用较少。

膜分离法是利用气流中各个组分在压力作用下因通过分离膜时的相对传递速

率不同，从而实现分离。膜分离法 VOC 回收工艺目前正处于研发阶段，技术还不够成熟。

目前在 VOC 回收领域居于主导地位的工艺是冷凝分离法，其冷能的获得可经由两种不同的途径：一是利用冷剂将天然气通过间接换热冷至所需的温度；二是利用气体本身的应力能通过降压膨胀而产生所需的低温。在需要的时候也可以将这两种制冷手段进行组合而形成联合制冷工艺。

根据对冷剂制冷分离、膨胀制冷分离、联合制冷分离、油吸收分离、吸附分离和膜分离等方法的对比论证，并考虑到奋进号 FPSO 轻烃回收装置所用原料天然气具有 C_3^+ 含量较高、压力偏低、可用压差小、装置的处理量较小等特点，采用冷剂制冷分离工艺回收 LPG 和轻烃。

冷剂制冷分离属于冷凝分离法，它是利用物质相变的吸热效应对原料天然气制冷，使轻烃冷凝而实现与干气的分离。该方法是使用最多的轻烃回收工艺之一，技术成熟可靠。在美国 20 世纪 90 年代中期的轻烃回收装置中，采用冷剂制冷工艺的数量占 44%。它具有操作简便、投资少等优点，适用于压差小、装置规模较小的工况。因此奋进号 FPSO 轻烃回收装置采用该工艺方法回收轻烃是可行的。

② 项目实施方案：

a. LPG 处理回收装置　LPG 处理回收装置主要由三大模块组成：

(a) LPG 回收处理系统　包括 LPG 回收处理橇、热油系统改造、冷却水橇。

(b) LPG 外输站　包括外输泵橇、外输计量及外输软管残液回收橇、外输滚筒橇。

(c) LPG 储罐　共有四个储液罐，每个储液罐 $700m^3$，共储存 $2800m^3$ 的 LPG。

b. 技术指标

(a) 生产规模　日处理天然气 $16\times10^4Nm^3$，日产 LPG 约 100t、凝析油 75t。

(b) 主要原材料用量和规格　该装置的主要原材料为来自奋进号 FPSO 的油田伴生气，其用量为 $16\times10^4Nm^3/d$。每 16 万立方米该油田伴生气中含有 C_3^+ 共约 182t。

c. 工艺流程和主要生产装置　部分来自大舱的燃气经增压至 20kPa 后，与火炬放空系统的气体汇合，经进口分离器除液后进入进口压缩机，进口压缩机将原料气由 20kPa 压缩至 1206.6kPa（绝对压力）。压缩后的燃气经过压缩机后用冷却器冷却至 35℃。此时，部分水与较重的烃液化后进入常温分离器，进行油、气、水三相分离，分离出的生产水排入污水处理系统进行处理，液态烃经重烃输送泵输送至脱丁烷塔进行处理，自常温分离器分离出来的气体进入分子筛进口过滤器，除去其中的杂质颗粒和液滴以保护分子筛。

经过过滤后的气体进入分子筛脱水单元进行脱水，脱水后的干气露点应达到

−60℃以下，然后经过脱水的干气进入干气过滤器除去其中的固体杂质，再分为三路：第一路气体（约为 31148Sm^3/d）用于分子筛的再生；第二路气体进入气/气换热器与来自吸收塔单元冷分离器的残余气体进行换热，冷却至−17.1℃；第三路气体进入吸收塔塔底吸收再沸器，作为热源与吸收塔的塔底产品进行换热，换热后的气体冷却至 17.6℃与另外一路经过气/气换热器的气体汇合，进入丙烷蒸发冷却器进行冷却，冷却至−6.7℃后自吸收塔的中部位置进入吸收塔。在吸收塔内，沉降到底部收液塔盘的大部分液相进入塔底再沸器内，与来自干汽过滤器的气体换热至 26.7℃，汽化后的轻质组分，与经过丙烷蒸发冷却器冷却后的未凝气体一起进入丙烷制冷冷凝器进行冷却，温度由−18.5℃冷却至−32.8℃后进入冷分离器分离。在冷分离器中绝大部分 C_3^+ 轻质组分冷凝析出，冷分离器分离出的残余气体（主要组分为甲烷、乙烷）与经过干气过滤器过滤的气体经过气/气换热器进行换热，温度由−32.8℃加热至 30.8℃。经冷分离器分离出的温度较低的轻烃（温度大约为−32.6℃）通过冷回流泵自吸收塔上部重新打回吸收塔，为吸收塔提供一定的塔顶温度，并与吸收塔内挥发的气相形成逆向传质传热。吸收塔塔底液相（主要组分为 C_3^+）则通过吸收塔塔底泵输送至脱丁烷塔。

来自吸收塔和热分离器的液态烃进入脱丁烷塔中部闪蒸，在塔中部闪蒸出的气体从塔的上精馏柱自下而上运动，并与脱丁烷回流罐打回的液相回流进行传质传热，其中，重组分被冷凝下来，轻组分则变得更纯。从塔顶出来的气体经过脱丁烷塔顶冷凝器冷凝后凝析成液态烃，液态烃进入脱丁烷回流储罐后，部分液烃通过脱丁烷回流泵自上部打回脱丁烷塔控制塔顶温度，其余则全部输送至液化石油气储罐。在脱丁烷塔中部闪蒸出来的液相以及回流液态烃自上而下移动过程中与脱丁烷再沸器蒸出的气相进行传质传热，其中轻组分不断被蒸发，重组分则变得更纯。脱丁烷塔底的液体进入脱丁烷再沸器，温度由 141.3℃加热至 147.2℃，部分液体被气化，作为塔底气相回流，塔底轻质油则经过冷却后回至原油总管。

经过处理合格的液化气直接进入液化气储罐，然后通过外输计量系统定期将液化气输入液化气船运走。LPG 处理系统流程如图 3-10 所示。

（3）项目实施效果

该项目于 2006 年 10 月投产至 2016 年底，共回收 29.2 万立方米液化气（按年度液化气销售量），按照 3500 元/m^3 销售均价计，该项目创造利润已超亿元。“十一五”期间，文昌 13-1/2 油田 LPG 回收装置节能量为 28.93×10^{4}tce。

（4）项目运行后的优化改造

项目于 2006 年投运后经济和环保效益显著，不仅回收了大量的 LPG。而且解决了天然气放空的问题。但随着工况参数的变化，LPG 处理系统也随之出现一些运行瓶颈，湛江分公司组织进行了优化和改造。

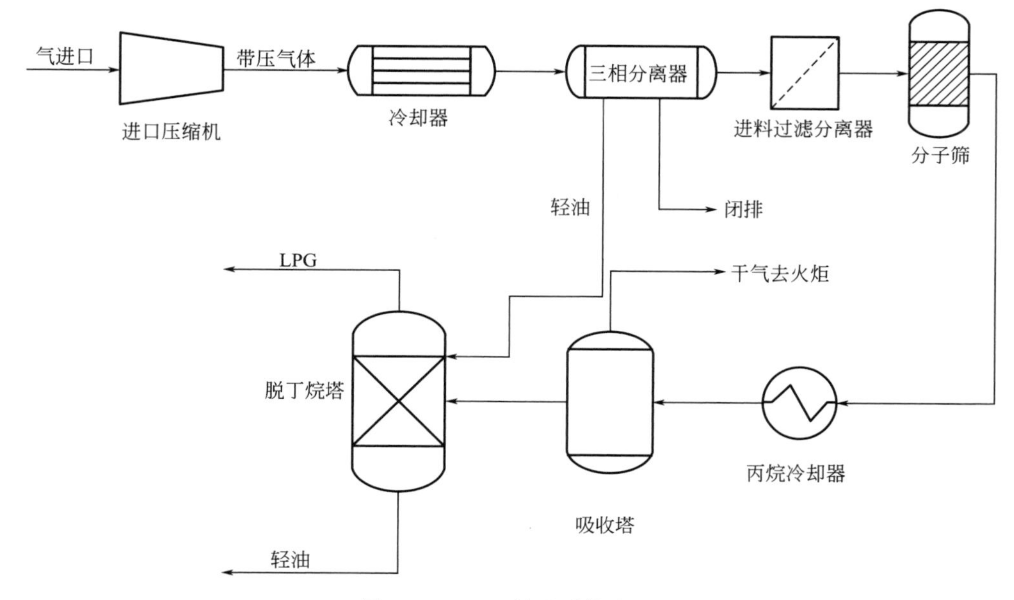

图 3-10　LPG 处理系统流程

① 系统分析

a. LPG 系统存在的安全缺陷分析　LPG 回收系统投用后，为进一步评估 LPG 回收系统操作程序及工程系统在设计方面的安全性与可操作性，防止或减小危害后果，作业公司聘请专业安全风险评估机构 DNV（挪威船级社 DET NORSKE VERITAS）对 LPG 回收系统进行 HAZOP 分析。分析报告显示，系统在设计方面存在一些缺陷。主要表现为主流程上没有设置紧急关断阀，当主工艺流程上出现腐蚀穿孔等导致可燃气泄漏时，不能实现远程遥控分段隔离，需要现场操作人员手动隔离该段流程。如果主流程发生泄漏，整个装置大部分可燃气将从泄漏点释放，泄漏量和泄漏时间将大幅度增加。

b. LPG 系统对原料气适应性分析　由于火炬放空气压力低，未经过加压涤气和过滤处理的放空气富含大量的重质组分、杂质和水汽。另外由于放空气温度较高（达到 45℃），且未设计冷却装置，放空气中的重质及杂质组分难以分离出来，导致该原料气严重影响了进口增压分离单元中的核心设备，即进口压缩机的稳定运行。

c. 进口压缩机生产状况分析　进口压缩机设计最小处理能力为 $6\times10^4\mathrm{Nm^3/d}$，随着油田原油产量下降，伴生气产量也随同下降。至 2011 年底，扣除燃料气后的火炬放空量下降至 $5.5\times10^4\mathrm{Nm^3/d}$，低于 LPG 进口压缩机处理能力下限。为了满足最低负荷运行的需要，现场采用加大回流等方式来满足进口压缩机运行需求；随着后期伴生气量的进一步下降，“大马拉小车”现象更加明显，会浪费油田紧张的电力资源。

由于原进口压缩机在选型上存在先天的不足，运行状况较差。首先是进口压缩机的压缩介质为富含水汽的油田伴生气，富含 C_3^+，在压缩过程中将有大量油水凝液析出，而且设计选用的进口压缩机为有油润滑的螺杆压缩机，在其工作过程中会有油水凝析液进入润滑油系统，使润滑油变质，降低了有油螺杆压缩机润滑油润滑和冷却的功效，从而影响了机组的正常运行。

虽然投产后通过提高出口温度和更换润滑油等方式缓解了这一问题，但并未能从根本上解决这一先天存在的不足。

从投产至今的运行情况来看，该机组经常出现问题，严重影响 LPG 系统的稳定运行，常见的问题还包括轴封不严、润滑油泄漏、振动高停机和润滑油泵故障等，甚至还曾经发生过振动高导致滑油管线断裂等事故，导致维护及维修费用达到人民币 500 万元/a。这是 LPG 系统中最大的顽疾。

d. 燃料气处理系统存在的问题分析　LPG 回收系统投用后，油田伴生气用户主要为透平发电主机、热介质锅炉和 LPG 回收系统，各用户对燃料气的品质和组分要求各不相同。燃气透平发电机、热介质锅炉、LPG 回收系统对原料气的要求逐次降低，但现有流程不能实现不同组分燃料气的优化调配。热介质锅炉由于长期使用富含重烃组分的燃料气，导致炉膛内壁积炭比较严重，每年必须清理一次，耗费大量的人力物力资源。伴生气各用户实际用气组分如表 3-4 所示。

表 3-4　伴生气各用户实际用气组分

组分	摩尔分数/%		
	透平发电机	热介质锅炉	LPG 回收系统
C_1	39.05	32.16	28.71
C_2	19.00	15.68	15.58
C_3	14.37	16.50	18.63
C_4	6.71	11.53	12.89
C_5	2.17	4.61	5.29
C_6^+	0.80	2.29	4.00
CO_2	12.25	10.74	10.06
N_2	5.65	5.49	4.84

同时随着伴生气产量的下降，在原油外输作业期间，油田用电负荷上升，透平发电机从原有的 2 用 1 备模式改为全部投用模式，用气量上升 30%。此时从一级分离器分离出的伴生气已不能满足透平主机和锅炉用气要求，导致一台透平发电机必须采用燃油模式，每次提油作业需消耗 $30m^3$ 柴油，增加了油田生产成本。

② 优化改造的研究与实践

a. LPG 系统设计安全缺陷治理　通过系统设计分析，以 LPG 回收系统主流程主要压力容器为节点，兼顾后期维修作业时能源隔离、惰化施工的需要，优化关断阀安装位置，共新设置5个关断阀，实现了LPG回收系统进口增压单元、分子筛脱水单元、制冷吸收单元等流程段的分段隔离。同时在关键点设置了BDV（放空阀，blow down valve）（图3-11），当发生燃气泄漏或火灾等事故时，BDV自动或手动打开，将事故段流程内的可燃气在短时间内泄空，避免事故的扩大。

图3-11　新设置的BDV示意图

b. 低压放空原料气净化处理

ⅰ. 颇尔高效滤芯的工艺应用　由于原进口涤气罐滤芯凝聚过滤效果差，不能有效凝聚伴生气中的微小液滴，大量杂质进入压缩机系统，导致下游过滤器、分子筛压差增大。经过对比分析，我们选用先进的颇尔高效滤芯（图3-12）替换现有滤芯。该滤芯为打折设计，内部由不锈钢内核支撑，外部通过不锈钢端盖保护，并通过一个内置O形圈正向密封。

颇尔高效滤芯具有良好的耐蚀性、耐热性、耐压性和耐磨性。滤芯采用最先进的渐紧式线绕结构制造工艺。滤网骨架及滤芯材料采用聚丙烯材料制成，可耐受65℃高温。颇尔高效滤芯气孔均匀、具有精确的过滤精度，外层捕捉大颗粒的杂质，内层控制过滤精度达到0.5μm；单根滤芯的有效过滤面积可以达到6.9m^2。同时滤芯采用专有的滤材纤维化学处理技术，能有效降低表面能，改善液体从聚结滤芯的排放率，确保出口气体中液体浓度小于0.01×10^{-6}。滤芯更换后，从进口涤气罐凝聚形成的污水是原来的1.5倍，进口压缩机喷液过滤器更换频率由原来的半年一次延长到一年一次，可以每年为公司节省费用 10 万元。

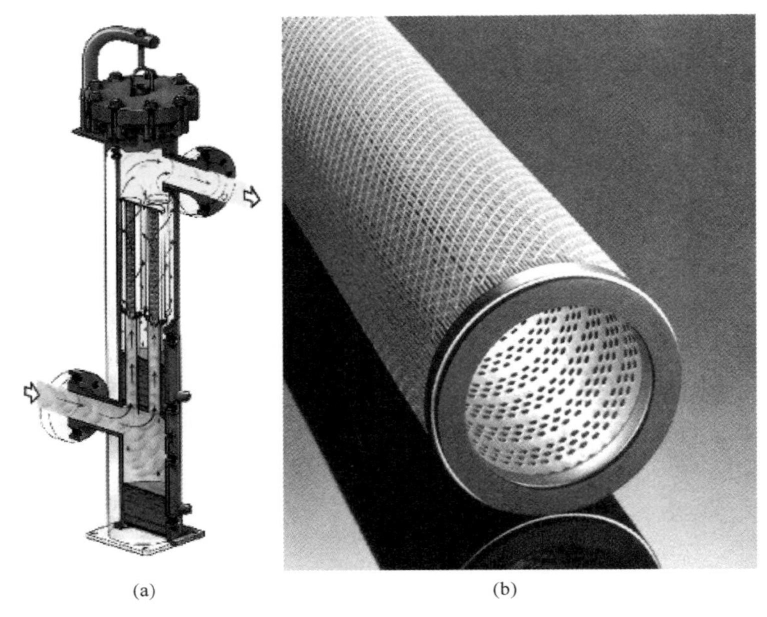

(a)　　　　　　　　　　(b)

图 3-12　颇尔高效滤芯结构

ⅱ.火炬放空气除液改造　通过对火炬放空气气源分析，导致火炬放空气温较高的原因是二级分离器分离出的伴生气温度较高，达到 65℃。只需对此部分气体进行冷却，将能有效降低火炬放空气温，对比在火炬总管安装冷却器的投资费用大大降低。在二级分离器出口增加冷却器后，火炬放空总管伴生气温度由 45℃下降到 30℃。总管伴生气温度的降低，将更有利于脱除伴生气中的液滴和水汽，提高 LPG 进口压缩机伴生气的处理量（图 3-13、图 3-14、表 3-5）。

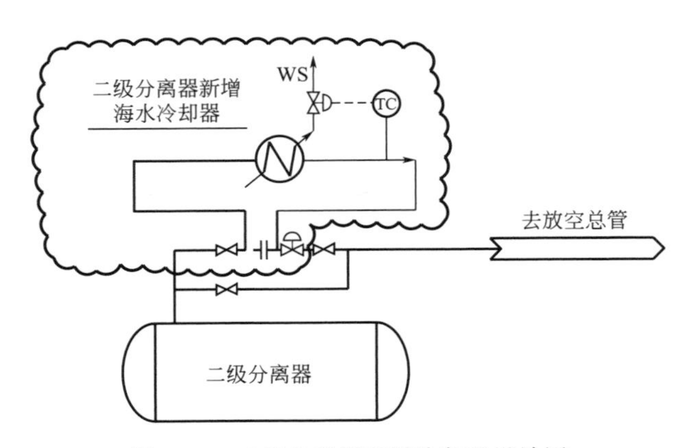

图 3-13　二级分离器新增冷却器设计图

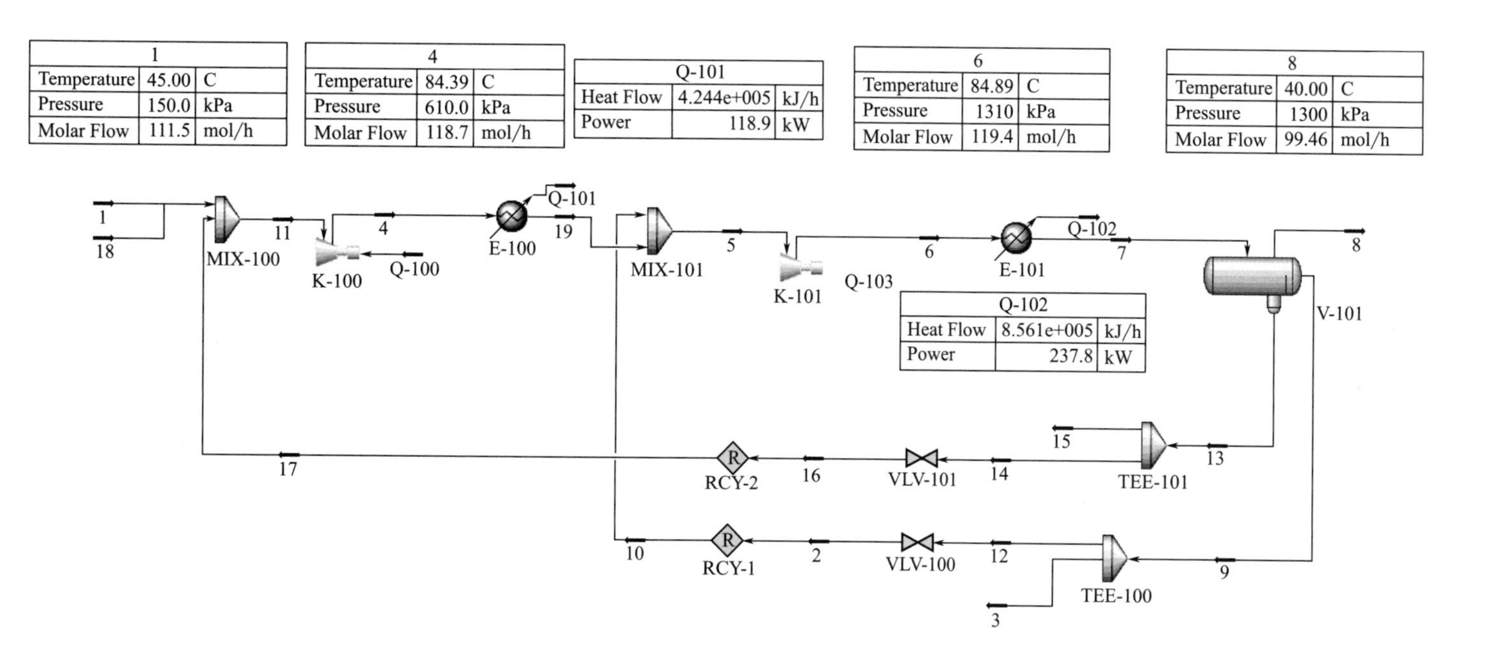

图 3-14 LPG 进口增压分离单元 HYSIS 模拟流程

表 3-5 加装冷却器前后 LPG 进口增压分离单元 HYSIS 模拟计算结果

工况＼节点		1	4	6	8
加冷却器后	温度/℃	30	73.01	73.34	40
	压力/kPa	150	610	1300	1290
	摩尔分数/(mol/h)	114.4	124.4	124.4	107.7
加冷却器前	温度/℃	45	84.39	84.89	40
	压力/kPa	150	610	1310	1300
	摩尔分数/(mol/h)	111.5	118.7	119.4	99.46

c. 进口压缩机优化研究

ⅰ. 选型方面　综合原进口压缩机存在的问题，要求新 LPG 进口压缩机能更安全、可靠，并能满足紧凑的现场安装空间和未来伴生气产量下降后的处理要求。经过对压缩机机型对比分析和国内外市场充分调研（表 3-6、图 3-15），新 LPG 进口压缩机最终选择中国船舶重工第 711 研究所生产的无油喷液润滑螺杆式二级压缩机。该机组采用独立的润滑油回路对轴承进行润滑，解决了重组分气对润滑油的影响问题，在陆地石化等企业使用效果良好，能满足现场生产要求。

表 3-6 伴生气压缩机适用性对比分析表

机型	级数	安全	可靠	空间	气量调整	价格/(万元/套)	厂家	检修周期、交货时间
往复式压缩机	2 级	优	优	最大	一般	480	GE/日本 MYCOM	一年、9～11 个月
螺杆式压缩机(微油)	1 级	差	差	小	优	300	英国 HOWDE/美国 Gardner Denver	2～3 年、6～7 个月
螺杆式压缩机(无油)	1 级	良好	优	小	优	1000		2～3 年、7～9 个月
螺杆式压缩机(喷液)	2 级	优	优	中	优	350	711 研究所	2～3 年、4～5 个月
滑片式压缩机	1 级	良好	优	小	差	500	Gardner Denver	2～3 年、12 个月
备注	1. 往复式压缩机只能布置在生产模块两个位置，需要停产做，两级间需要冷却，配套改造工作量大							
	2. 螺杆式压缩机匹配得好 2～3 年之内不需要解体检修，匹配是关键							
	3. 无油式螺杆压缩机价格昂贵，没有使用经验							
	4. 滑片式压缩机出口压力不能大于 10bar，低压可以尝试使用							

注：1bar=10^5Pa，余同。

ⅱ. 机封的选型和优化研究　对于 LPG 回收系统区域，油田对压缩机轴封的可靠性提出了更高的要求。通过综合现场使用经验，油田和厂家共同研制出一种新型轴封装置（图 3-16、图 3-17），对压缩机阴、阳转子的进端和排端都采用迷宫密封与集成式双端面机械密封的复合密封结构，极大提高了密封的可靠性，使介质沿轴承方向泄漏的可能性降低。

图 3-15　新 LPG 进口压缩机

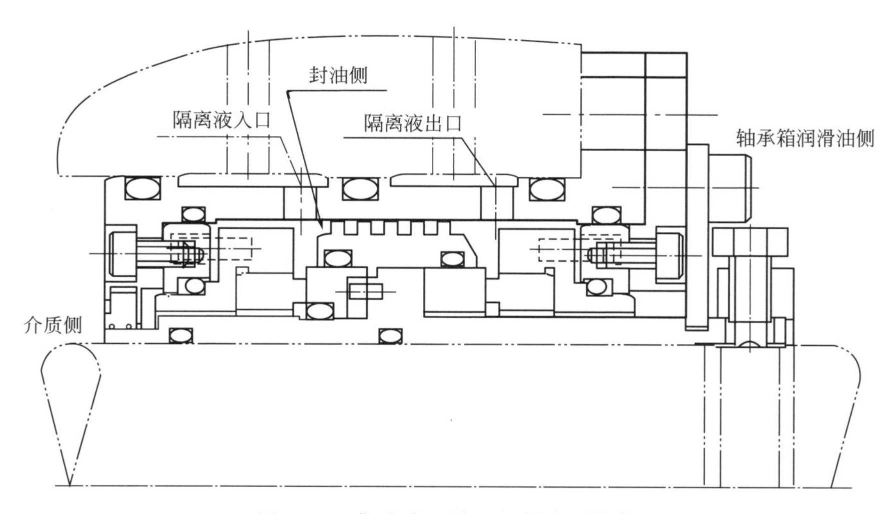

图 3-16　集成式双端面机械密封结构

集成式双端面机械密封是一种依靠弹性元件对动、静环端面密封副的预紧和介质压力与弹性元件压力的压紧而达到密封的轴向端面密封装置。双端面机械密封两个端面摩擦副之间充满密封油，当中间阻塞流体压力大于被密封流体压力和大气压时，双端面密封用作阻塞密封。由于进口压缩机组的润滑油系统与密封油系统分开，有效地避免了由于密封油受污染而导致润滑油对轴承的损害，从而保护了轴承。集成式密封具有以下特点：

安装时无需测量密封工作长度；

密封件已预先测试过，不会发生启动时泄漏问题；

安装时只需套装把紧螺栓，装配质量容易保证；

在安装或启动以前保护密封面不受杂物污染或因操作失误而损坏；

容易取出密封件清洗和检查，无需拆卸机组装备。

ⅲ. 喷液螺杆压缩机机封防反冲击优化改造　LPG 回收系统进口压缩机为喷液螺杆压缩机，在失电、火灾等应急关停情况下，润滑油泵关停后密封油压力迅速下降，机封无法润滑冷却，同时由于机封两端压差较大，容易导致密封面损坏失效，燃料气窜入到滑油系统，污染滑油并形成燃气泄漏、聚集等安全隐患。

通过对生产工艺流程和压缩机工作模式的研究分析，设计在压缩机出口增加 BDV（放空阀）及 SDV（关断阀），修改相关逻辑控制参数，当系统应急关停后，BDV 立即打开，SDV 关闭（图 3-17），为防止 SDV 关闭速度太慢或失效，在管线上增加单流阀，确保压缩机内压力能迅速下降，减小机封两端压差，防止机封两端因压差过大而失效，同时避免大量放空气体进入放空总管。防反冲击优化改造现场示意图见图 3-18。

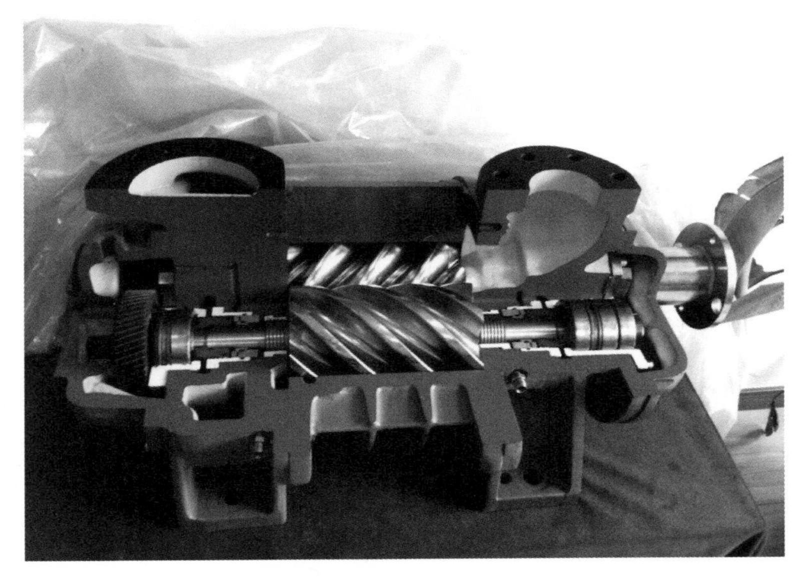

图 3-17　无油喷液润滑螺杆压缩机剖面图

新进口压缩机对伴生气产量变化具有良好的适应性，具有比较宽的处理能力调整区间（表 3-7），通过齿轮箱调整，可实现不同伴生气气量的处理，实现在 LPG 回收系统下游工艺设备运行和不运行的情况下，都能保障透平用气。

图 3-18 防反冲击优化改造现场示意图

表 3-7 新进口压缩机负荷和功率表

负荷/($10^4Nm^3/d$)	压缩机轴功率/kW
6	373
5	352
4	319
3	297
2	275
操作条件：20kPa(G)（入口）、1200kPa(G)（出口）；入口温度低于 45℃	

d. 低伴生气量下 LPG 回收系统的整体优化

(a) 吸收塔工作模式的研究与优化　由于循环水冷却系统换热效果不佳，制冷吸收塔单元流程（图 3-19）上的丙烷制冷系统低温级丙烷制冷压缩机未投用，

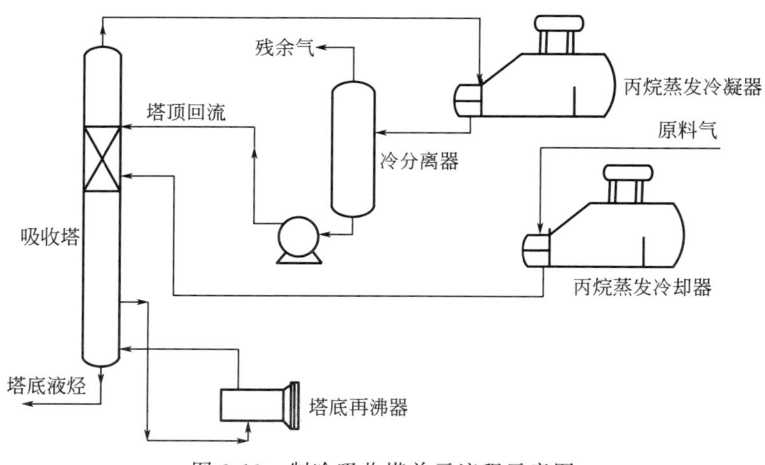

图 3-19 制冷吸收塔单元流程示意图

在对吸收塔顶部出气的组分（表 3-8）进行分析时，发现吸收塔顶部出气中的 C_3^+ 含量偏高，甚至超过了原料气中的含量，吸收塔工作异常。

表 3-8　吸收塔顶部出气组分表（化验分析，干基）

组分	摩尔分数/%	
	数据 1	数据 2
C_1	10.897272	17.289423
C_2	9.600582	22.926227
C_3	28.148622	34.073611
i-C_4	19.726931	11.173851
n-C_4	20.576508	11.129404
i-C_5	5.472491	2.297664
n-C_5	3.0222	1.109818
C_5^+	2.555395	—

通过综合分析认为，由于低温级丙烷制冷压缩机未投用，油田伴生气进入丙烷蒸发冷凝器时不能进一步制冷，后续的冷分离器中将无液析出，吸收塔也就失去了吸收 C_3^+ 重质组分和脱除 C_2^- 轻质组分的功能。此时，吸收塔塔底再沸器还在提供热源，让塔底部液相中大量重组分蒸发进入气相，从而使得塔顶气 C_3^+ 含量升高。

经过工艺调整，在低温级丙烷制冷压缩机停运时，关闭吸收塔底再沸器加热气源，降低吸收塔塔底温度，减少塔底重组分的蒸发，从而减少塔顶外排气中 C_3^+ 含量。吸收塔运行模式优化后，LPG 回收系统各关键指标得到明显改善（表 3-9），液化气产量提高约 17%，轻油产量提高约 4%，与设计工况（开启低温级丙烷制冷压缩机）相比，液化气产量仅降低 7%。

表 3-9　吸收塔塔底再沸器停用前后关键指标对比

对比指标	吸收塔塔底再沸器投用	吸收塔塔底再沸器停用	变化
液化气产量/(t/h)	1.54	1.81	0.27
轻油产量/(t/h)	1.35	1.4	0.05
放空气量/(Nm^3/d)	2.72×10^4	2.26×10^4	0.46×10^4
丙烷回收率/%	66.28	74.98	0.087

（b）丙烷制冷系统流程优化改造　制冷吸收单元原料气的最小处理能力为 $6\times10^4 Nm^3/d$，在当前及今后工况下，丙烷压缩机需满足在低蒸发量模式下的稳定运行。为了保证丙烷压缩机的稳定运行，采取了一系列流程及参数优化：

调整丙烷蒸发冷却器和丙烷蒸发冷凝器的热旁通（hot gas bypass），满足低蒸发量时丙烷压缩机的进口压力要求；

调整蒸发冷凝器的冷媒温度，适当提高丙烷压缩机出口压力；

连通丙烷经济器、丙烷蒸发冷凝器和丙烷蒸发冷却器的上部空间，相当于大大增加了丙烷压缩机进口缓冲罐容积。

实施上述措施后，有效地解决了伴生气处理量下降产生的蒸发量不足、初级丙烷制冷压缩机长期低负荷运行时排气温度高的问题，并且降低了丙烷压缩机进口压力波动幅度，避免了由于机组频繁加、卸载导致的振动上升现象，延长了机组寿命，对未来气量继续降低具有广泛的适应性。

(c) 燃料气系统优化

ⅰ.锅炉燃料气优化　锅炉原来使用的燃料气仅经过简单的处理，燃料气中 C_5^+ 以上的重质组分含量高，燃料气燃烧不充分，炉膛内壁容易积炭。通过流程改造，将以前放空至火炬燃烧的 LPG 回收系统脱出重烃的残余气重新利用起来，经过减压并与原燃料气流程整合后，实现两种燃料气的任意比例混合和无缝切换（图 3-20），3 台热介质锅炉能完全使用经过脱除重烃组分的残余气，有效地减少了锅炉内炉膛积炭，提高了锅炉的换热效率，热介质锅炉清炭频率由一年一次降低到 5 年一次。

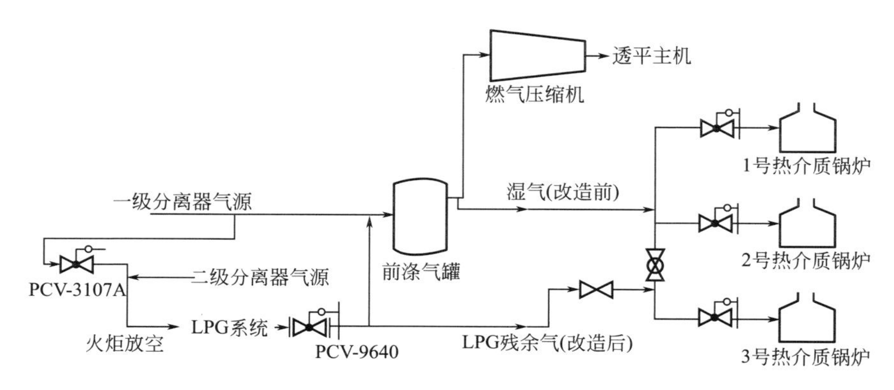

图 3-20　锅炉燃料气优化改造示意图

ⅱ.主机燃料气涤气罐液烃处理方式优化　燃料气涤气罐工作压力为 2000kPa，在此压力条件下，形成大量的 C_3^+ 重烃，这部分重烃如果直接排入放空总管，由于压差大，液烃汽化吸热，导致放空总管部分区域形成大量的冷凝水和积冰区。通过现场分析，利用压力差，可以直接将此部分重烃接入常温分离器，再进入精馏单元，分离出轻质油和 LPG（图 3-21），从而彻底解决直接放空到放空总管时形成大量冷凝水及冰堵问题，同时 LPG 产量增产 $10m^3/d$，每年可增加销售收入人民币 900 万元。

此改造实现了以透平发电机用气为中心的模式。随着油田产量的不断下降，来自一级分离器的高压伴生气逐渐不能满足透平发电机的用气需求，充分利用二

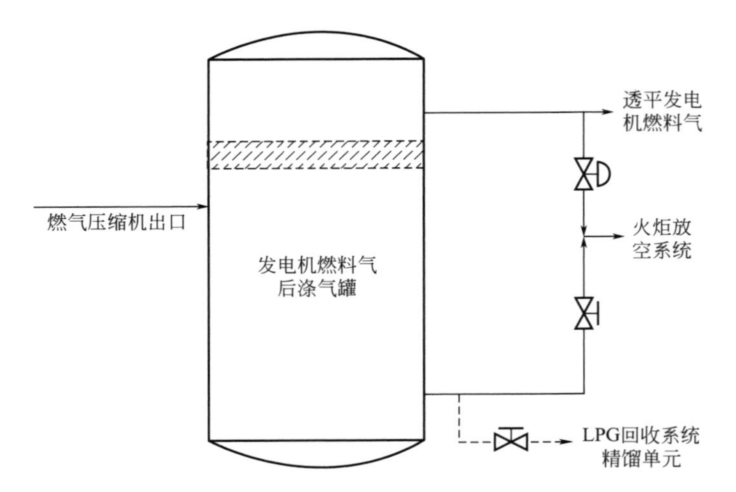

图 3-21　燃料气后涤气罐底部液烃优化改造示意图

级分离器分离出来的低压伴生气已经迫在眉睫。新 LPG 进口压缩机可实现两级或单级独立工作，通过对来自二级分离器的低压放空气进行增压、净化，作为燃气压缩机的原料气，不仅满足了透平发电机及锅炉等用户的用气需求，同时回收了放空气中的重烃组分。

进一步通过对油田伴生气总量分析和预测，研究得出了不同阶段伴生气处理系统总体运行的最优模式(表 3-10)。

表 3-10　油田各年份伴生气处理系统运行模式

年份	预测日产气量/($10^4 Nm^3/d$)	透平发电机运行模式	锅炉	LPG 回收系统原料
2013 年	9.5	三台用气	用气	放空气+液烃
2014 年	9.0	三台用气	用气	放空气+液烃
2015 年	8.0	三台用气	用气	液烃
2016 年	7.0	三台用气	用气	液烃
2017 年	6.5	两气一油	用气	液烃

注：燃气透平 3 台，单台耗气量 $2.2\times10^4 Nm^3/d$，锅炉耗气量 $0.7\times10^4 Nm^3/d$。

2013 年总体运行模式：

2013 年文昌 13-1/2 油田日产气量为 $9.50\times10^4 Nm^3/d$。

透平发电机三台均用燃气驱动，用气 $4.4\times10^4 Nm^3/d$，锅炉用气 $0.7\times10^4 Nm^3/d$，LPG 系统日处理气量 $4.40\times10^4 Nm^3/d$。

2014 年总体运行模式：

2014 年文昌 13-1/2 油田预测日产气量为 $9.00\times10^4 Nm^3/d$。

透平发电机三台均可用燃气驱动，用气 $4.4\times10^4 Nm^3/d$，锅炉用气 $0.7\times10^4 Nm^3/d$。LPG 系统日处理气量 $3.90\times10^4 Nm^3/d$。

2015 年总体运行模式：

2015 年文昌 13-1/2 油田预测日产气量为 8.0×10^4 Nm³/d。

透平发电机三台均可用燃气驱动，用气 4.4×10^4 Nm³/d，锅炉用气 0.7×10^4 Nm³/d，LPG 系统日处理气量 2.90×10^4 Nm³/d。LPG 系统主要生产原料为燃料气压缩机后涤气罐产生的液相，LPG 系统以脱丁烷单元运行为主。

2016 年总体运行模式：

2016 年文昌 13-1/2 油田预测日产气量为 7.0×10^4 Nm³/d。

透平发电机三台均用燃气驱动，用气 4.4×10^4 Nm³/d，锅炉用气 0.7×10^4 Nm³/d，LPG 系统日处理气量 3.3×10^4 Nm³/d。LPG 系统主要生产原料为燃料气压缩机后涤气罐产生的液相，LPG 系统以脱丁烷单元运行为主。

2017 年总体运行模式：

2017 年文昌 13-1/2 油田预测日产气量为 6.5×10^4 Nm³/d。

透平发电机两台均用燃气驱动，用气 4.4×10^4 Nm³/d，提油作业时一台用燃油驱动，锅炉用气 0.7×10^4 Nm³/d，LPG 系统日处理气量 1.40×10^4 Nm³/d。LPG 系统主要生产原料为燃料气压缩机后涤气罐产生的液相，LPG 系统以脱丁烷单元运行为主。

在伴生气总量不断下降的过程中，为实现油田经济生产，必须以保证透平发电机的用气需求为中心，立足于尽可能提高系统的稳定、经济和节能性，合理安排伴生气流向，提高其利用效率，从而降低油田生产成本。通过上述燃料气系统的优化改造和研究，有效增强油田伴生气处理系统对原料气量波动的适应能力，提高了系统的稳定性，最大限度地满足燃气透平发电的用气需求，实现了燃气综合利用总体思路，同时兼顾 LPG 回收以减少重烃的排放，实现经济、环保效益的最大化。

③ 优化改造后取得的效果

a. 生产时效和产量方面　LPG 回收系统完成综合改造后，及时排除了隐患，各项优化改造措施增产效果明显。扣除台风和计划停产检修时间，生产时效大大提高，达到 92.6%，在伴生气产量大幅度下降的情况下，LPG 产量大幅回升（表 3-11）。

表 3-11　近几年 LPG 回收系统生产情况对比

时间	生产时效	日产量/m³	年产量/10^4 m³	泄漏次数	备注
2010 年	74%	93	2.90	3	
2011 年	52%	81	1.62	4	
2012 年	36%	82	0.94	2	
2013 年	76%	85	1.92	0	
2014 年	90%	75	1.29	0	坞修影响
2015 年	90%	70	2.30	0	预测

b. 节能效果方面　原 LPG 进口压缩机机组功率为 600kW，为满足正常生产，通过大幅度回流方式保证机组正常运转，能耗高。新机组功率仅为 356kW，节约了 244kW 负荷，累计年节能量达到 200t 标准煤。另外，由于 LPG 回收系统正常运转，回收了二级分离器放空气，保证了货油外输作业期间 3 台透平发电机的用气需求，每次提油作业可至少减少 $30m^3$ 柴油消耗，全年可节省柴油 $300m^3$ 以上，每年可节省油料费用支出 200 万元。

文昌 13-1/2 油田 LPG 回收处理装置是海油发展史上的一个创举，是国内首创的全海式 LPG 回收，项目实施后节能减排效果非常明显，为缓解国内能源紧张做出了极大的贡献。

3.1.2.4　东方终端脱二氧化碳系统闪蒸气回收项目

（1）吸收法脱碳工艺简介

吸收法是一种常用的天然气脱碳方法，应用广泛，适应于 CO_2 负荷较高的工况，按溶液吸收和再生方式的不同，可分为化学吸收法和物理吸收法。

化学吸收法以弱碱性溶液为吸收剂，与 CO_2 反应形成化合物，净化度高，受操作压力影响小。吸收了 CO_2 气体的富液温度升高，压力降低时，该化合物分解重新释放出 CO_2 气体组分，吸收剂得到再生。这类方法中有代表性的是烷基醇胺法（最典型的是 MDEA）和碱性盐溶液法（包括热钾碱法、氨基酸盐法）。物理溶剂吸收法（包括冷甲醇法、Flour 法和 Selexol 法等）采用有机化合物作吸收溶剂，适用于 CO_2 气体分压较高、重烃含量较低的天然气净化。

化学吸收法中醇胺法以其适应范围广、净化度高、运行费用低等优点而得到广泛应用，其中 BASF 公司以 MDEA 法为基础发展的 a-MDEA（活法 MDEA）工艺以能耗低、腐蚀性弱、蒸气压低、损耗少、对环境影响小等优点而逐渐成为酸性气体净化的最佳工艺。

MEA（伯胺）、DEA（仲胺）吸收 CO_2 后生成稳定的氨基甲酸盐，反应热大，加热再生较困难，蒸汽消耗较高；MDEA（叔胺）与 CO_2 反应生成不稳定的碳酸氢盐，反应热小，加热后较易再生，蒸汽消耗较低。东方终端脱碳系统 CO_2 分压较高，MDEA 水溶液与 CO_2 反应受液膜控制，反应速率较慢。为加快反应速率，德国 BASF 公司开发了 a-MDEA 脱碳工艺过程，即在 MDEA 水溶液中添加特种活化剂（DEA 等）后，改良了 MDEA 溶液吸收 CO_2 的历程（CO_2 先与活化剂反应，活化剂再向溶液传递 CO_2），提高了 MDEA 溶液吸收 CO_2 的速度。MDEA 工艺同时具有物理吸收和化学吸收的特点，酸性负荷高，溶液循环量相对较小，能耗较低。另外，MDEA 热稳定性好，溶液对碳钢设备腐蚀性弱。

MDEA 吸收法的特点是工艺成熟可靠、酸气负荷高，既有化学吸收法净化度高、CO_2 纯度高、烃收率高等优点，又具备物理吸收法脱碳能力随压力升高而增强、能耗较低等优点；缺点是配套系统投资较高，净化气水露点不能满足外输要求，需串接脱水装置，操作较为复杂。

MDEA 溶液兼有物理溶液剂和化学溶剂的性能，由于 MDEA 溶液对 CO_2 的吸收能力大，可在较低的吸收塔高度或较小的溶液循环量，达到所需要的气体净化度。其物理吸收性能在 CO_2 分压大于 1bar 情况下表现明显，则其溶液再生能耗较低。若欲获得高的净化度可通过调节溶液中活化剂浓度实现，这种调节可以控制其倾向于物理吸收或化学吸收。MDEA 能与水和醇混溶，微溶于醚。在一定条件下，对 CO_2 等酸性气体有很强的吸收能力，而且反应热小，解吸温度低，化学性质稳定，无毒不降解。

纯 MDEA 溶液与 CO_2 不发生反应，但其水溶液与 CO_2 可按下式反应：

$$CO_2 + H_2O = H^+ + HCO_3^- \tag{4-1}$$

$$H^+ + R_2NCH_3 = R_2NCH_3H^+ \tag{4-2}$$

式(4-1) 受液膜控制，反应速率极慢，式(4-2) 则为瞬间可逆反应，因此式(4-1) 为 MDEA 吸收 CO_2 的控制步骤，为加快吸收速率，在 MDEA 溶液中加入 1%～5%的活化剂 DEA(R'_2NH) 后，反应按下式进行：

$$R'_2NH + CO_2 = R'_2NCOOH \tag{4-3}$$

$$R'_2NCOOH + R_2NCH_3 + H_2O = R'_2NH + R_2CH_3NH^+HCO_3^- \tag{4-4}$$

式(4-3)＋式(4-4)：

$$R_2NCH_3 + CO_2 + H_2O = R_2CH_3NH + HCO_3^- \tag{4-5}$$

由式(4-3)～式(4-5) 可知，活化剂吸收了 CO_2，向液相传递 CO_2，大大加快了反应速率，而 MDEA 又被再生。MDEA 分子含有一个叔胺基团，吸收 CO_2 生成碳酸氢盐，加热再生时远比伯胺生成的氨基甲酸盐所需的热量低得多。

(2) 东方终端脱二氧化碳系统简介

脱碳单元布置在过滤分离单元与增压单元之间，采用两段吸收流程，贫液循环量小、热耗较低，但半贫液循环量较大。过滤分离单元控制露点后天然气 3.2MPa，15℃经换热器 E-A722 与净化后天然气换热后至 35℃，再与来自干燥器的再生/冷吹气混合后进吸收塔下部由下向上流动，与塔内自上而下的 MDEA 溶液逆流接触，MDEA 溶液吸收 CO_2，净化天然气（CO_2 含量小于 1.5%）3.15MPa，60℃经 E-A726 水冷后 40℃进 V-721 分出凝结水，再经 E-A722 与进料气换热后至 3.1MPa，20℃进外输增压机增压外输。吸收 CO_2 后的富 MDEA 溶液为 3.2MPa，83℃由吸收塔底流出，经过 P-A724 减压回收压力能后在闪蒸塔 T-A843 内闪蒸出吸收的烃类气体，1.0MPa、82℃的闪蒸气经 E-A845 冷却后进 V-A844 分出冷凝水，V-A844 出口闪蒸气中惰气组分含量近 60%，热值较低，与部分脱碳高热值天然气混合后作为低压燃气使用。闪蒸塔顶设洗涤段以减少塔顶闪蒸气中的 MDEA 损失并提高闪蒸气热值，贫液回流量 $5m^3/h$，T-A843 出口富 MDEA 液进再生塔 T-A834 上段进一步常压解吸，溶液沿再生塔向下与来自汽提段的水蒸气逆流接触，大部分 CO_2 被解吸。T-A834 上段半贫液 0.2MPa，72℃大部分经泵 P-A724 提升后进吸收塔中部，少部分半贫液经溶液泵 P-A730 提升后在换热器 E-A728 内与贫液换热到 100℃进入再生塔汽提段上部进行加热再生。半贫液在重沸器 E-A833 中被加热到 113℃，高温条件下 CO_2 进一步解吸，溶液得到完全再生。完全再生后的 MDEA 贫液 113℃由再生塔底流出，在换热器 E-A728 中与半贫液换热，温度降至 88℃后经增压泵 P-A729 增压至 3.8MPa，再经冷却器 E-A727 冷却到 60℃后进吸收塔上段。再生塔顶馏出的 CO_2 与水蒸气经过冷凝器 E-A836 冷却到 40℃进回流罐 V-A837，V-A837 分出的液态水经回流泵 P-A835 增压后作为回流返回再生塔 T-A834 顶，V-A837 分出的 CO_2 送至放空筒中放空或外输利用。再生塔顶设三块浮阀塔板作为洗涤段以减少塔顶馏出气中的 MDEA 损失。脱碳系统水量平衡采用大化肥来脱盐水通过 LV-833 自动补充，为减少脱盐水补充量，净化气分液罐 V-A721、干燥器入口分离器 V-A946 分出水均返回闪蒸塔 T-A843，当 CO_2 分液罐 V-A837 出口冷凝水中 Cl^- 含量超过 50×10^{-6} 时需将冷凝水排入污水池。

为了滤除脱碳系统内产生的腐蚀产物和天然气中带入的重烃，避免堵塞吸收再生塔床层，该工程在溶液循环泵 P-A730 出口设置了旁滤流程，部分半贫液（$50m^3/h$）经颗粒过滤器 V-A731 和活性炭过滤器 V-A732 过滤后返回泵入口半贫液。

再生塔重沸器的热源来自 0.5MPa 低压蒸汽。该工程脱碳单元设有 $400m^3$ 溶液罐 TK-A842，用于储存事故时系统内排出的 MDEA 溶液，为防止 MDEA 氧化，溶液储罐设有氮封；考虑溶液加注和事故排液，脱碳单元设有地下槽 V-A838，溶液通过地下槽泵 P-A839 加注到再生塔或储存到溶液罐。

为了保证 CO_2 的有效脱除，溶液循环量和再生程度需要保证。当装置负荷降低时，可通过降低相应的贫液和半贫液循环量、降低蒸汽供应量来实现节能降耗。

（3）项目背景

在东方终端二期脱碳装置的设计中，考虑到原料气 CO_2 含量高，装置的脱碳处理负荷较大，另外 MDEA 溶液循环量不足，会造成其在闪蒸塔中降压闪蒸出来的气体 CO_2 含量过高，气质达不到低压燃料气的要求，因此将含有部分甲烷气体的闪蒸气直接排放到大气中，浪费了大量的天然气资源，加剧了气候的温室效应，影响了环境。在分析了项目的投资风险和社会效益后，东方终端决定对二期脱碳系统的闪蒸气进行回收。项目改造成功后，每天大约可为终端增产 $9367m^3$ 天然气，每年增产 310 万立方米天然气。增产的天然气外输到下游用户，以缓解下游用户用气紧张局势。同时，该项目可以减少甲烷等温室气体向大气的排放量，为海南省的发展做出贡献。

（4）项目改造方案

① 优选回收利用方案　在如何回收利用脱碳系统闪蒸气的问题上，反复论证后提出了两个方案。

方案一是增加贫液洗涤设备，在二期脱碳系统闪蒸气流程中增加贫液洗涤设备。主要是增加一个闪蒸气贫液洗涤罐、一个闪蒸气冷却器和一个闪蒸气分液罐。闪蒸气从闪蒸塔出来后，到闪蒸气洗涤罐，经过脱碳贫液洗涤后的闪蒸气进入闪蒸气冷却器进行冷却，再到分液罐分液后接入到二期低压燃料气系统。经脱碳贫液洗涤后，闪蒸气中大部分 CO_2 被吸收，其热值超过低压燃料气热值所需的 24.6MJ/m^3，可以满足低压燃料气的气质要求。

方案二是增加闪蒸气回收设备，从闪蒸塔出来的闪蒸气，直接进入闪蒸气回收橇块装置增压。增压后的闪蒸气进入二期脱碳系统原有的再生气冷却器和再生气过滤分离器冷却分离后，进入脱碳吸收塔进行脱碳处理，最终可成为合格的外输气外输。

由于脱碳系统现有的 MDEA 溶液循环量已饱和，无法满足方案一闪蒸气洗涤塔贫液洗涤的需要。同时，增加贫液洗涤设备涉及对现有系统的诸多改造，尤其是逻辑关停系统的变更，施工必须关停整个脱碳系统，影响生产。此外，在投资费用方面，增加贫液洗涤设备方案处于劣势。相对来说，方案二的可操作性强，最终选择了增加闪蒸气压缩机压缩回收闪蒸气这个方案。需要新增压缩机橇一套，压缩机橇设置在闪蒸塔 T-Q123 和吸收塔 T-Q103 之间，其余的设置均利用终端厂原有设施。二期脱碳系统闪蒸气回收项目改造前后流程如图 3-22 所示。

② 方案实施　在综合考虑生产工况和将来设备的方便维护，东方终端采用了四川通达机械生产的 D-2.1P6-33 型闪蒸气回收压缩机，该机型是往复活塞式、对称平衡型的正向位移式压缩机，两级串联压缩，额定排气量 800Nm/h。压缩机采用变频控制，利用流量信号控制压缩机驱动电动机变频，电动机的额定功率为 75kW。闪蒸气中 CO_2 含量较高，设备的操作压力较高，且因为 MDEA 溶液中含水，闪蒸出来的气体也会携带少量游离水，存在 CO_2 腐蚀问题。因此管线采用不锈钢管线，两个涤气罐和气体冷却器采用不锈钢材料。两台压缩机的材料采用压缩机厂家推荐的材料制造，但在与闪蒸气接触的部位要求做好防 CO_2 腐蚀处理，保证设备的使用效果和寿命。

脱碳系统的吸收塔操作压力是 3.25MPa，闪蒸气进入吸收塔脱碳前，必须经过闪蒸气回收装置增压至 3.3MPa。闪蒸气回收装置的核心设备为一组闪蒸气压缩机橇，其设备包括：气体冷却器 2 个，压缩机前置涤气罐 2 个，压缩机 2 套，压缩机现场控制盘 1 套。利用二期脱碳系统的两个预留口，将闪蒸气回收装置接入到脱碳系统。从闪蒸塔出来的闪蒸气，经闪蒸气出口预留口进入回收装置。

进入回收装置的闪蒸气（0.63MPa，75℃）首先到预冷却器，温度降至

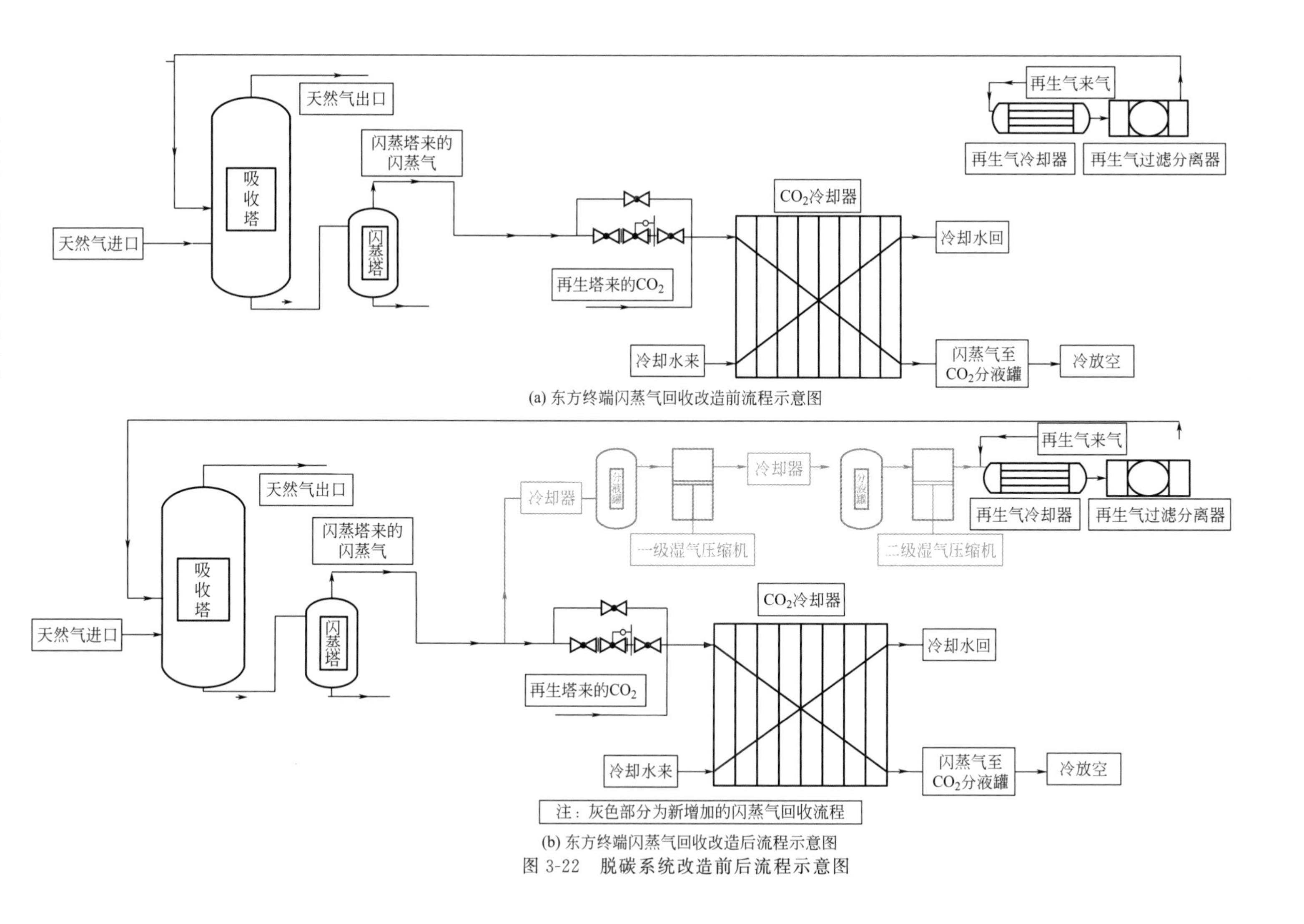

(a) 东方终端闪蒸气回收改造前流程示意图

(b) 东方终端闪蒸气回收改造后流程示意图

图 3-22　脱碳系统改造前后流程示意图

42℃后进入进气洗涤罐，然后进入一级压缩机增压。一级增压后的闪蒸气（1.5MPa，104℃）进入中间冷却器冷却至40℃，然后进入中间洗涤罐进行气液分离，再进入二级压缩机增压至3.3MPa。经过两级压缩机增压的闪蒸气温度达到了100℃，需再冷却分离重烃组分后，才能进入脱碳系统。从压缩机橇增压后的闪蒸气，通过原有的预留口进入再生气冷却器入口管线。闪蒸气与来自再生气干燥器的再生吹冷气汇合后，在再生气冷却器冷却至45℃左右，进入再生气过滤分离器分离部分重烃组分，最后进入吸收塔。

（5）效果分析

① 经济效益　从闪蒸气回收装置的实际运行效果看，每小时闪蒸气回收量可达1250m^3左右，大于设计数据的1000m^3/h。按照设计数据计算，装置每年运行330天，每小时的回收量为1000m^3，每年可回收甲烷气体为3132360m^3。终端厂外输天然气的甲烷含量大约是79%，装置每年为终端厂增加的外输产量为3965012.4m^3；如天然气销售价格按每立方米人民币1.1元计算，年销售收入为4361513.64元。

闪蒸气回收装置的建设，充分利用了终端厂原有的冷却水、仪表气、排污系统等辅助设施等，节约了投资费用。装置在生产过程中利用东方终端自发电供电，所用的电费不计。由于设备操作和维修方便，不需另外增加工作人员，节约了人工成本。闪蒸气回收项目总投资为1100万元，年销售收入约436万元，每年可以为公司增加所得税前净现金流量400万元左右，项目的投资回收期是三年。有关经济评价结果表明，项目的财务净现值598万元，每年内部收益率21.6%。随着碳信贷市场逐渐完善，项目为公司减少的甲烷排放量，将来或许可作为碳信贷进行出售。综上所述，东方终端闪蒸气回收利用项目具有良好的经济效益。

② 环保效益　有资讯显示，每吨甲烷气体的温室效应比CO_2强25倍。排放到大气中的甲烷气体，除了来自自然界的，最大的来源是人类活动产生的甲烷。在全球变暖趋势越演越烈的背景下，减少温室气体排放刻不容缓。东方终端闪蒸气回收项目的运行，每年可减少排放到大气中的甲烷气体310万立方米，折标准煤为3410t。该装置的成功投用，不仅响应了国家节能减排的号召，也为全球减少温室气体的排放做出了贡献。

我国的天然气资源丰富，但人均剩余天然气可采储量为1400m^3，仅为世界平均水平的5.3%。最大限度地将可采资源量转化为可利用的能源，对促进我国国民经济的发展有着重要意义。东方终端脱碳闪蒸气回收项目成功运行，每年可回收大量的甲烷气体，提高了气田的产量，创造了良好的经济效益。同时，该项目减少了温室气体的排放，对保护我们居住的环境，做出了突出贡献。节能减排作为中海油的一项基本制度，湛江分公司积极贯彻这一制度，并用实际行动切实融入到公司的发展战略、管理体系和日常经营活动中，在取得良好经济效益的同时，也承担起了社会责任。

3.2 透平机组余热回收技术应用

3.2.1 透平压缩机烟气余热回收技术研究

3.2.1.1 透平压缩机烟气余热回收技术现状

国内透平压缩机烟气余热回收技术应用与工业发达国家比相对滞后。主要表现在国内余热资源利用理论基础薄弱，余热资源量未有精确的计算方法，余热资源利用方向和设备选型未成系统，国内未建立透平压缩机余热回收技术体系。长距离余热回收装置烟道会造成透平压缩机排烟背压上升，而 SOLAR 透平压缩机烟道排烟压力不能超过 2490Pa。国产三通挡板阀由于结构和材质的缺陷存在密封不严及热损失大的问题。传统余热锅炉所采用的换热管型包括光管及螺旋翅片管，传热系数小，占地面积大。海上生产设施受改造空间的限制，需要研究并运用综合传热系数高的余热锅炉来减少设备的占地面积。

3.2.1.2 透平压缩机烟气余热回收技术研究内容

（1）掌握余热资源精确计算的能力

根据《烟道式余热锅炉设计导则》(JB/T 7603—1994)、《工业锅炉设计计算标准方法》和《余热锅炉设计与运行》对余热蒸汽锅炉进行热力计算。以东方终端余热回收项目为例进行说明。

① 烟气密度　燃气透平排出的烟气成分如表 3-12 所示。

表 3-12　烟气成分

名　称	符　号	单　位	数　值
氩　气	Ar	%	0.86
氮　气	N_2	%	72.54
氧　气	O_2	%	13.6
二氧化碳	CO_2	%	3.01
水	H_2O	%	9.98

烟气的密度由下式进行计算：

$$\rho_m = \rho_i V_i$$

式中　ρ_m——烟气的密度，kg/m^3；

ρ_i——烟气中某气体的密度，kg/m^3；

V_i——烟气中某气体的体积分数。

则：$\rho = (1.7821V_{Ar} + 1.2504V_{N_2} + 1.4290V_{O_2} + 1.9770V_{CO_2} +$

$0.8038V_{H_2O})/100=1.2564\text{kg/m}^3$

根据烟气密度，可计算燃气轮机的烟气体积流量（折算为 ISO 工况）。

② 烟气进出口焓值　烟气的焓等于烟气中各组分的焓值之和。各组分的焓值按下式计算：

$$I_i=V_iC_it_i$$

式中　I_i——烟气中某气体的焓值，kJ/m³；

V_i——烟气中某气体的体积分数；

C_i——烟气中某气体在 t_i 温度下的比定压热容，kJ/(m³·℃)；

t_i——烟气温度，℃。

a. 锅炉进口烟气焓值　假定透平排气温度均为 450℃，考虑到烟道散热，进入锅炉的烟气温度取 420℃，则烟气的焓值为：

$$I'=420\times(1.556\times0.0086+1.322\times0.7254+1.3877\times0.136+1.9593\times0.0301+1.5776\times0.0998)=578.55(\text{kJ/m}^3)$$

b. 锅炉出口烟气焓值　假定余热锅炉排气温度均为 140℃，则烟气的焓值为：

$$I''=140\times(1.67\times0.0086+1.2966\times0.7254+1.3211\times0.136+1.7175\times0.0301+1.5086\times0.0998)=187.16(\text{kJ/m}^3)$$

③ 烟气含热量　烟气的含热量可按下式计算：

$$Q_y=BV_{py}[C_{py}(t_y+273.15)-C_{py_0}(t_{y_0}+273.15)]\times\frac{100-q_4}{100}$$

式中，Q_y 为烟气余热资源量，kJ/h；B 为燃料气消耗量，kg/h；V_{py} 为单位燃料燃烧产生的烟气量，m³/kg；C_{py} 为烟气在 t_y 下的平均比热容，按烟气成分计算，kJ/(m³·K)；t_y 为排出烟气的平均温度，℃；C_{py_0} 为烟气在 t_{y_0} 下的平均比热容，按烟气成分计算，kJ/(m³·K)；t_{y_0} 为环境温度；q_4 为燃烧的固体未完全燃烧热损失，%。

④ 余热锅炉蒸汽产量　余热锅炉蒸汽产量，按下式计算：

$$G=Q/(i''-i')$$

式中　G——产汽量，kg/h；

Q——烟气含热量，kJ/h；

i''——蒸汽出口焓值，kJ/kg；

i'——给水焓值，kJ/kg。

考虑到锅炉疏水排污带走热量，上式修正为：

$$G=Q/[(i''-i')+0.05(i_{饱和水}-i')]$$

式中，$i_{饱和水}$ 为产汽压力下饱和水焓值，kJ/kg。

以给水温度 104℃计算，其焓值为 436.87kJ/kg。

终端重沸器内的换热器对温度敏感，只能在130℃温度以下运行，因此余热锅炉出口蒸汽参数定为143.6℃、0.3MPa(G)，其焓值为2738.96kJ/kg。蒸汽经过管道散热，温度变成135℃左右，保证工艺用汽需求。

（2）透平压缩机烟气余热回收方向研究

透平压缩机烟气余热回收方向取决于烟气余热量、热力和电力需求、淡水资源等。透平压缩机烟气余热回收方向主要有三种：

① 加装余热锅炉或导热油炉构成热动联供方式　在燃气透平压缩机透平排气侧加装余热锅炉或导热油炉。如果配置余热锅炉，还需配套相应的补给水系统，该系统包括水处理系统、除氧系统和给水系统。余热锅炉吸收燃气透平排出的烟气余热，加热来自给水泵的除氧水，产生蒸汽，然后送至各热用户，从而构成热动联供方式。如果配置导热油炉，还需配备热介质系统，包括热介质循环泵、膨胀罐等。该方案可以部分或者全部回收燃气透平压缩机烟气可以利用的余热，对有足够热负荷的油气田和终端而言，此利用方向具有很高的热效率和实用性。

② 加装汽轮机构成燃蒸联合循环发电　在燃气透平压缩机排气侧加装中温中压余热锅炉，回收燃气透平排出的余热，产生中温中压过热蒸汽驱动汽轮机发电。该方案中汽轮发电机组有：纯凝式汽轮发电机组、补汽凝汽式汽轮发电机组和抽凝式汽轮发电机组，前两者蒸汽全部用于发电，后者则可抽出一部分蒸汽用于采暖或制冷。该方式可以全部回收燃气透平烟气排出的可以利用的中、高品质余热，适合有电力需求的陆地终端。由于采用水作为工质，需要较多的淡水。

③ 加装制冷机构成热冷电三联供方式　在燃气透平压缩机排气侧加装高温烟气型双效吸收式制冷机，透平排出的高温烟气直接进入高温烟气型双效吸收式制冷机，产生冷水（7℃/14℃）或者热水（65℃/55℃），供整个油气处理输送终端冬季采暖和夏季制冷所需，同时还可以产生80℃/60℃卫生热水，供整个油气处理输送终端生活用热水所需。这种方式可以部分或者全部回收燃气透平烟气排出的可以利用的高品质余热，工艺系统和设备比较成熟，系统简单，运行维护方便，安装快捷，可以实现热冷电三联供。但是，该种方式受季节以及冷热负荷变化影响较大，一般较难做到全部回收燃气透平烟气排出的余热，利用率较低。需要与第一种方式结合运用。

（3）长距离余热回收装置烟道减阻技术研究

通过开展长距离余热回收装置烟道减阻技术研究项目，得出如下结论：随着排烟阻力增加，压缩机做功能力下降。在外输气量一定的情况下，燃料气消耗量会增加。烟气流程中的阻力包括摩擦阻力和局部阻力。摩擦阻力发生在烟气直线流动处，局部阻力发生在余热锅炉进出口弯头等部件。排烟阻力影响因素包括烟道直径、烟道长度、烟气流速、烟气特性、压缩机负荷等。图3-23为烟道直径和长度与烟道阻力的曲线图。排烟总阻力：

$$\Delta P_{总}=\Delta P_1+\Delta P_2=\lambda\ \frac{l}{d}\frac{\rho w^2}{2}+\xi\frac{\rho w^2}{2}$$

式中 ΔP_1——沿程阻力，Pa；

ΔP_2——局部阻力，Pa；

$\Delta P_{总}$——总阻力，Pa；

λ——烟道摩擦阻力系数；

d——烟道当量直径；

l——烟道长度；

ξ——局部阻力系数；

ρ——烟气密度；

w——烟气流速。

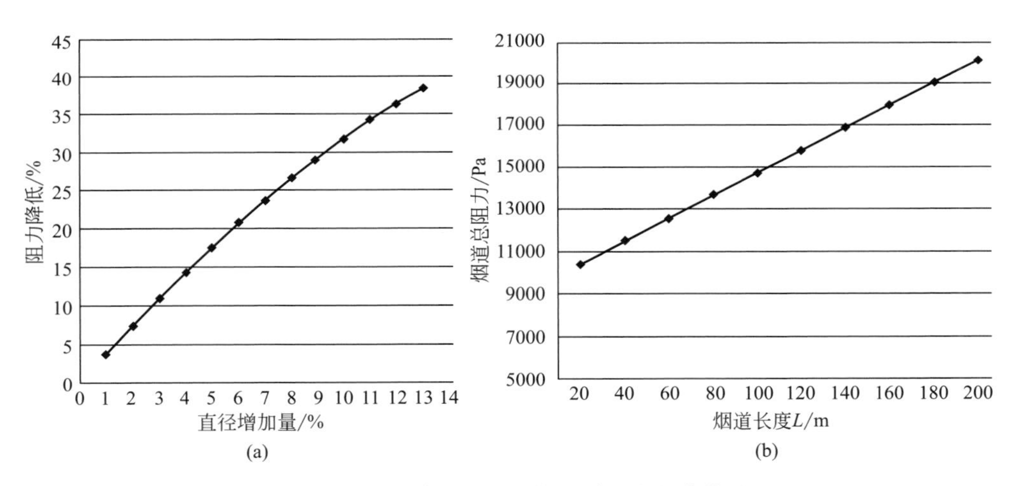

图 3-23 烟道直径和长度与烟道阻力的曲线图

透平压缩机负荷增加，余热回收装置阻力上升。烟道直径增加，烟道阻力降低；烟道直径增加10%，阻力可以降低30%。烟道长度增加，烟道阻力增加。

（4）开齿型翅片换热管流动温度场分布研究

新型翅片式换热管是在普通连续螺旋管翅片上均匀开了许多小孔，增强流体扰动，有效强化传热，具有换热效果好、设备重量轻、占地面积小等优点。开齿型翅片管强化传热的机制和局部阻力特性的研究工作在国内相当薄弱，余热锅炉效率难以达到设计要求。东方终端余热回收项目建立了开齿型翅片管的计算模型，通过数值模拟对开齿型翅片管流动温度场分布进行了研究。从换热管的温度分布云图可以看出，开齿翅片管在加强了换热空气的扰动情况下更趋近于紊态流动，并且换热效果更好；光管因为换热面积小，而且不能对空气产生明显的扰动，换热效果最差。

3.2.2 透平压缩机烟气余热回收技术应用

3.2.2.1 东方终端余热回收项目

（1）项目背景

① 东方终端天然气压缩机简介　东方终端配置有三台外输天然气压缩机，两用一备，目的是将经过脱碳的天然气增压后，输送到下游用户（洋浦电厂和海口民用)，其原动机为 Centaur40 透平发动机。在表 3-13 的工况下，Centaur40 燃气透平压缩机组主要技术参数见表 3-14。

表 3-13　Centaur40 燃气透平主要技术参数测试条件

项目	单位	参数
大气温度	℃	30
海拔	m	30
大气压力	bar	1.01
大气相对湿度	%	80
压气机进气温度	℃	30
进口压力损失	mmH_2O	101.6
排气压力损失	mmH_2O	250

注：$1mmH_2O=9.80665Pa$，余同。

表 3-14　Centaur40 燃气透平主要技术参数

项目	单位	参数
燃气透平毛功率	kW	3004
燃气透平热耗率	kJ/(kW·h)	13846.15
燃气透平热耗	GJ/h	41.59385
燃气透平效率	%	26
燃气透平排气温度	℃	430
燃气透平排气流量	t/h	62.748
燃料耗量	kg/h	1290.197
	Nm^3/h	1735.302

② 东方终端蒸汽系统简介　东方终端一期、二期的蒸汽系统主要为脱碳单元 MDEA 溶液的再生提供热源。一期采用两台负荷为 10t/h 的蒸汽锅炉，连续生产，没有备用，锅炉最大运行负荷为额定负荷的 88.75%。二期采用三台负荷为 15t/h 的蒸汽锅炉，两用一备，锅炉最大运行负荷为额定负荷的 85%。所有锅炉燃气采用终端厂生产的干气，燃气压力为 0.4MPa。锅炉的供水系统来自化肥

厂蒸汽锅炉处理装置的软化水。一期蒸汽锅炉额定参数表如表3-15所示，二期蒸汽锅炉额定参数表如表3-16所示。

表3-15　一期蒸汽锅炉额定参数表

型号	WNS10-1.25-Q
额定蒸发量	10t/h
额定蒸汽压力	1.25MPa
额定蒸汽温度	194℃
制造厂	南京锅炉厂
制造日期	2002年1月

表3-16　二期蒸汽锅炉额定参数表

型号	WNS15-1.25-Q
额定蒸发量	15t/h
额定蒸汽压力	1.25MPa
额定蒸汽温度	194℃
制造厂	德尔塔动力设备(中国)有限公司
制造日期	2004年12月

③ 东方终端蒸汽需求及燃气耗量　根据现场所采集的数据计算，东方终端蒸汽耗量约为33t/h，每天消耗蒸汽约792t，耗天然气约8万立方米，其中闪蒸气约2万立方米，其余为天然气。产生1t的蒸汽约耗费100m^{3}天然气。

单位蒸汽耗气量直接影响经济评价，因此按正平衡效率公式进行了理论核算。

锅炉正平衡效率公式：

$$锅炉效率\ \eta=\frac{锅炉蒸发量\times（蒸汽焓值-给水焓值）}{燃气耗量\times燃气低热值}$$

据此，可得燃气耗量：

$$燃气耗量=\frac{锅炉蒸发量\times（蒸汽焓值-给水焓值）}{燃气低热值\times锅炉效率\ \eta}$$

锅炉效率根据2011～2013年东方终端处理厂节能监测报告，为80.3%～83.1%，计算时取83%。

锅炉给水温度104℃，其焓值为436.87kJ/kg。

锅炉出口蒸汽为143.6℃、0.3MPa(G)的饱和蒸汽，其焓值为2738.96kJ/kg。

东方终端蒸汽锅炉燃料气组分如表3-17所示。

表 3-17 燃料气组分

组分	低热值/(kJ/kg)	摩尔分数/%
甲烷(CH_4)	35906	74.29729
乙烷(C_2H_6)	64397	0.953
丙烷(C_3H_8)	93244	0.23427
异丁烷(i-C_4H_{10})	122857	0.06
正丁烷(n-C_4H_{10})	123649	0.05323
异戊烷(i-C_5H_{12})	—	0.0372
正戊烷(n-C_5H_{12})	156733	0.01878
C_6^+	161590	0.11597
CO_2	—	4.65903
N_2	—	19.5692

④ 东方终端余热回收项目简介　东方终端三台 Solar C40 燃气透平压缩机组用于管输天然气增压，正常生产时两用一备。三台 Solar C40 燃气透平装置均未设余热回收装置，产生的 450℃左右的高温烟气直接排至大气，造成严重的能源浪费。按 GB/T 1028—2000《工业余热术语、分类、等级及余热资源量计算方法》定义，400℃以上的烟气属一等余热资源，按该标准规定："一等余热资源应优先回收。"同时，东方终端正常生产过程中又需要消耗大量的蒸汽（约 33t/h），设计上安装了 5 台蒸汽锅炉，这些蒸汽全部由燃气蒸汽锅炉提供，每年消耗大量燃料。如能将 Solar C40 燃气透平烟气余热回收，用于生产蒸汽，不仅可以部分替代现有蒸汽锅炉的热负荷，降低天然气消耗，甚至可在满足蒸汽需求的前提下，停一台燃气蒸汽锅炉，实现现有的 5 台蒸汽锅炉三用两备，提高东方终端供热的安全性和可靠性。

为实现余热利用，东方终端余热回收项目在 Solar C40 燃气透平后增加一台 17t/h 余热蒸汽锅炉，余热锅炉选用卧式、单压、无补燃、自然循环锅炉，余热锅炉系统由烟气进口烟道、余热锅炉本体、烟气出口烟道组成。烟气经过蒸发器、省煤器换热后，温度降至 140℃，经过烟囱排到大气。

（2）项目实施方案

① 改造方案及工艺　根据东方终端现状，为节约天然气燃料并减少碳排放，在 3 台 Centaur40 透平机现有流程中加一台余热蒸汽锅炉。来自 3 台透平中任意两台的 10800kg/h 的 450℃高温烟气进入余热蒸汽锅炉，与来自锅炉进口管线的蒸汽冷凝水进行换热，使之产生 15t/h 的 180℃蒸汽，被冷却后的 150℃左右烟气经烟道排至大气。该余热蒸汽锅炉产生的 15t/h 蒸汽进入原有蒸汽系统，与原有燃气锅炉一起为东方终端的脱碳流程提供热力资源，节约部分燃气锅炉的天然气原料。

为实现余热利用，在 Centaur40 燃气透平后增加一台 17t/h 余热蒸汽锅炉，利用 Centaur40 排放的高温烟气加热产生蒸汽并输入现有蒸汽管网。东方终端余热蒸汽锅炉原理图如图 3-24 所示。

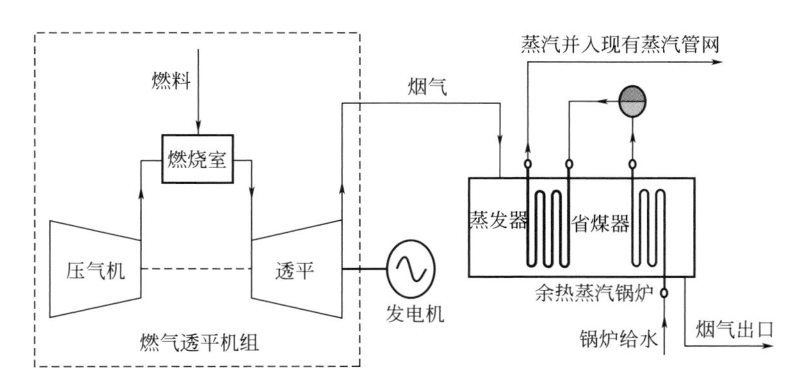

图 3-24　东方终端余热蒸汽锅炉原理图

a. 余热锅炉系统选型　综合考虑场地、投资、土建及施工等因素，该项目余热锅炉选用卧式、单压、无补燃、自然循环锅炉，露天布置，全悬吊结构。锅炉和烟囱通道均按七度地震烈度设防。锅炉为正压运行，各段烟气通道系统均能承受燃气轮机正常运行的排气压力及冲击力。锅炉主要承压部件使用寿命不低于 30 年，大修周期不低于 4 年。余热锅炉及其配套辅助设备、阀门的噪声，在距离设备外壳 1m 处不大于 85dB(A)。

b. 余热锅炉主要参数　Centaur40 型燃气透平压缩机组配置的余热锅炉拟选用卧式、自然循环、无补燃型单压余热锅炉。根据燃气透平压缩机组运行工况的相关参数，现场为环境温度 30℃条件下，经理论计算，余热锅炉主要参数如表 3-18 所示。

表 3-18　余热锅炉主要参数

名 称	单位	技术参数
过热蒸汽压力	MPa(G)	0.5
过热蒸汽温度	℃	159
过热蒸汽流量	t/h	6.3
锅炉给水温度	℃	90
锅炉排污率	%	1
排烟温度	℃	143.55
烟道阻力	Pa	1500

c. 设备布置　三台 Centaur40 配置的余热蒸汽锅炉布置在厂区东北角绿化带处。

高温烟气进口烟道是余热锅炉系统重要组成部分。烟气经过蒸发器、省煤器换热后，温度降至 140℃，经过烟囱排到大气。

将 Centaur40 燃气轮机膨胀节上方的消音器和排气管取下，增加一个插板阀（或蝶阀）和三通烟气挡板门，原消音器和排气管装在侧面作为旁通烟囱。在水平方向接一根烟管将烟气引向余热锅炉。燃气轮机停机时，插板阀（或蝶阀）和三通烟气挡板门均关闭，确保烟气不渗入停机透平，挡板门的少量泄漏烟气可由旁通烟囱排出；燃机在用时，插板阀全开。

Centaur40 排气烟道的内径是 1064mm，为了降低烟气流速，减小烟道阻力，将去余热锅炉的烟道内径扩大到 1800mm。在锅炉顶部将三台燃气轮机的烟道汇合，进入余热锅炉。通过余热锅炉吸收热量，烟气温度降为 140℃排空。生产的饱和蒸汽送入管网。余热锅炉的给水来自现有蒸汽系统除氧器。Centaur40 余热锅炉及烟道布置及其走向如图 3-25 所示。

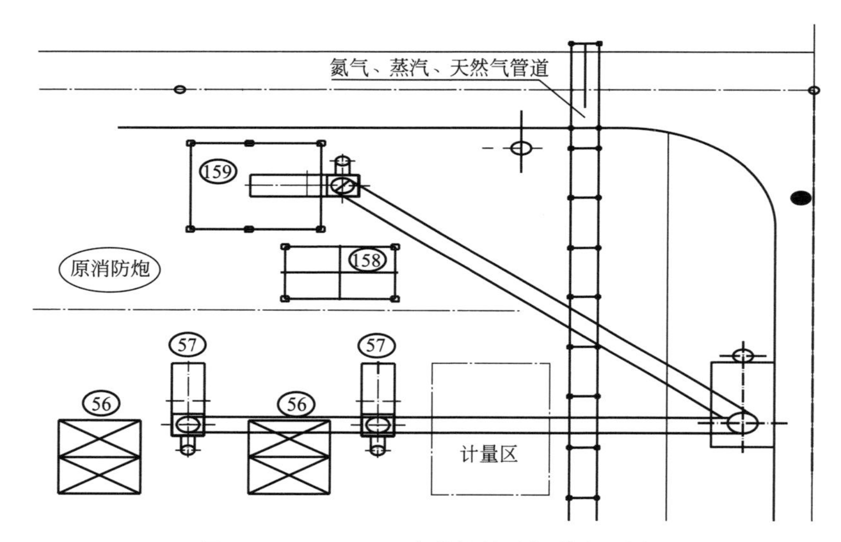

图 3-25　Centaur40 余热锅炉及烟道布置图

空气经燃气透平进气过滤器、消音器后进入压气机，经压缩后，高压空气进入环形燃烧室，天然气通过环周布置的喷嘴喷入燃烧室内，并与高压空气混合燃烧（燃烧室上装有一个点火器）。燃烧后的高温、高压燃气进入透平膨胀做功（驱动压缩机或者发电机做功）。在简单循环运行时，燃气透平排出的高温烟气由三通挡板阀控制，通过旁通烟囱排入大气。

在联合循环运行时，燃气透平排出的高温烟气通过三通挡板阀进入余热锅炉，按流程通过过热器、蒸发器和省煤器，最后由主烟囱排入大气。余热锅炉吸收燃气透平排出烟气的热量产生蒸汽，经蒸汽母管汇集，并入东方终端蒸汽锅炉现有蒸汽管网，供东方终端处理厂脱碳工艺用。

蒸汽管道采用集中母管制。余热锅炉产生的低压蒸汽分别经隔离阀汇入蒸汽母管，然后并入东方终端蒸汽锅炉现有蒸汽管网，供东方终端处理厂脱碳工艺用。

本项目余热锅炉产生的蒸汽主要用来部分替代现有蒸汽锅炉的热负荷，就东方终端汽水平衡而言，没有新增。东方终端蒸汽锅炉已配有三台除氧器，对凝水加热器的来水加热除氧，每台蒸汽锅炉均配置有两台给水泵，一用一备。因此，本项目除氧给水系统可以利用现有的除氧器和给水泵，无需新增，以节约投资成本。

同时，东方终端现有蒸汽锅炉已有化学水处理系统，在水质和水量上均能满足本项目余热锅炉补给水要求，故本项目无需新建化学水处理系统。

考虑到本项目余热锅炉蒸发量较小，燃气透平压缩机组配置的余热锅炉距离较近，可共用一套排污系统，另外为燃气透平发电机组配置的余热锅炉单设一套排污系统。锅筒的连续排污、定期排污、紧急放水、余热锅炉本体范围内管道和设备的疏水均进入定期排污扩容里，排污水和工业水掺混冷却后进入集水池作为冷却水的补充水。

为了防止余热锅炉汽包产生钙垢，设置有炉水加药系统，该项目燃气透平压缩机组配置的余热锅炉距离较近，可共用一套加药系统，另外为燃气透平发电机组配置的余热锅炉单设一套加药系统。为了监控余热锅炉运行中给水、炉水和蒸汽的品质变化情况，判断系统中的设备故障，每套余热锅炉均配置有一套取样分析系统。

本项目为每套余热锅炉设置一台就地 PLC 控制盘，由控制盘内的 PLC 系统来完成其工艺参数的测量和控制，并通过通信接口与 PCS 连接，在 PCS 系统上实现监控。运行人员通过集控室内 LCD 和键鼠，在少量就地巡回人员的配合下即可实现对锅炉等主、辅设备和系统运行工况的监视、分析、控制、操作、自动调节、联锁保护以及事故状态下的紧急停炉处理。每台三通挡板阀配置一台就地控制柜，并为相应的余热锅炉 PLC 控制盘、余热锅炉照明和加药系统供电。需要四路交流 380V、50Hz 电源，为每台三通挡板阀就地控制柜供电。仪表、电气、主设备和平台的接地系统均接入东方终端现有的接地系统。

② 项目主要创新点：

a. 以研究成果为依据，创新烟道设计，消除了烟道对机组背压的影响。

（a）增大烟道内径　烟道汇总处设置等径不对称集流三通，支管在汇总前提前变径至主管直径（2000mm），最大可减少烟气阻力 200Pa。

（b）采用圆弯头　透平出烟口采用圆弯头，相对拼接弯头可减少烟气阻力 135Pa。膨胀节均设置导流筒，直管道上设置单式轴向型金属波纹管膨胀节，吸收烟道的轴向位移，所有单式轴向型膨胀节均设置导流筒，减少膨胀节烟气阻力 78Pa。

（c）减阻效果　A 机排烟背压 2293.1Pa，B 机排烟背压 2133.68 Pa，C 机排烟背压 2235.2Pa，均低于 2490Pa。

b. 精准计算，模块化设计，开齿型翅片管在东方终端余热项目成功运用　根据建立的计算模型，精准计算开齿型换热管的尺寸、开孔数等关键参数，余热锅炉效率达到 83%，比一般螺旋式翅片管余热锅炉提高了 23%；由于开齿的存在，避免在翅片间出现积灰和结垢现象；采用联箱式模块化结构，模块到达现场后只需 1 天半时间就能完成安装，安装周期缩短了 32 天；设备高度相比一般螺旋式翅片管余热锅炉降低了 1/3，占地面积减少了 25%，适合安装在空间高度有限的场合。

c. 创新三通挡板阀密封　运用双层弹性气压密封技术，解决三通挡板阀密封不严问题。本项目三通挡板阀采用双层弹性气压密封面，在设计上采用“双层柔性金属弹簧密封＋空气密封”形式。弹簧片将密封面封闭成一个气室，向气室内打入高压空气，当空气压力高于介质压力时，就可以保证密封效果。密封效率可达 100%。

d. 特殊的绝热护板结构，减少护板热变形和介质热损失　绝热护板采用小块互相搭接，用保温钉固定在承力护板上。保证保温棉有足够的厚度和强度，确保承力护板的温度降低到设计温度。绝热护板之间的相互错动补偿热膨胀，减少承力护板的热变形以及由此引起的热应力，提高了余热锅炉的出力。

（3）效益分析

① 节能效果　Centaur40 型燃气透平压缩机组加装余热锅炉进行节能改造后，综合热效率将大幅度提高。运行参数下，余热锅炉可以产生 15.88t/h 左右的饱和蒸汽，可替代一台现有的 15t/h 的蒸汽锅炉，每年可节约纯烃天然气 $1100\times10^4m^3$，折标准煤 12100t，节能效果显著。

② 经济效益　利用余热锅炉替换部分蒸汽锅炉后，所节省下来的天然气费用，可以分别在 3.54 年后回收余热锅炉的投资，由于所选择的余热锅炉的设计运行寿命是 30 年，因此，在投资回收之后的 26.46 年里，每年可节约燃料气 $350\times10^4\sim1100\times10^4m^3$，燃料气价格按 1.5 元/$m^3$ 计算，余热锅炉每年可以为平台节省 1650 万元的成本费，该项目总投资 3550 万元，投入产出比为 1∶1.5，产生了很好的经济效益。

③ 降低排放　改造后，大幅度减少了 CO_2 排放，排烟温度从 442℃降低到 144℃，减少了烟气的热污染。每年可减排 CO_2 约 18785t、SO_2 约 1000t、NO_x 约 352t，减少烟尘排放 180t，大大减少了温室气体和酸性气体的排放。同时，加装余热锅炉后，还可有效地减少高温烟气排放造成的热污染。

透平机组余热回收利用技术是一项成熟的技术，在各油气田应用技术上可行，并可根据实际需要合理调节作用。目前，海上和各陆岸终端的多数燃气透平机组使用天然气都为处理后的干气，含硫量较低，只要排烟温度不低于其水露点，尾部受热面就不会发生低温腐蚀，因此烟气余热利用的空间较大。余热回收是一种非常经济的节能降耗措施，也是湛江分公司目前拓展节能空间的和较易实现的主要手段，余热利用技术基本可覆盖油气田排烟较高的加热锅炉、燃气发电机、燃气压缩机、油田伴生高温热水等。在未改变原有设备基本结构的基础上进行简单改造，便可获得很好的节能效果。该项技术的应用，减少了东方终端一台蒸汽锅炉的使用，等于减少了一个安全风险源，也减少二氧化碳的排放量；节能又环保，又可把节约的天然气向下游销售，创造巨大的经济效益和社会效益，应用前景广阔。

3.2.2.2 涠洲终端透平发电机余热发电项目

（1）涠洲终端透平发电机简介

涠洲终端发电站由四台西门子双燃料燃气轮机发电机组、两台乌克兰 6MW UGT6000 型燃气轮机发电机组、一台应急柴油发电机组、高压配电室、变压器、低压配电室组成。

燃气轮机发电机组燃料气系统由配气站来的天然气，经过天然气过滤、气液分离、天然气加热器，以稳定的压力、温度满足燃气轮机发电机组对燃料气的需要。燃气轮机发电机组燃料油系统由终端 50m^3 燃油罐经过滤、加压达到燃气轮机对燃料油的需求。主发电机组的启动需要外界环境提供三项条件，即启动电源、天然气（或燃料油）及仪表风。燃气轮机发电机组启动时，其辅机的供电由应急发电机组或已运行的燃气轮机发电机组提供；天然气由海上油田提供的海管来气经过轻烃系统进行分离脱水处理后，送到配气站，再分配给六台透平（燃料油由发电站的日用柴油罐经燃料油供油橇提供）；净化干燥的仪表风由终端厂内的公用仪表风系统为机组提供。燃气轮机发电机组除提供终端厂生产和生活所需电力外，还可向涠洲地方政府提供部分电力供应。应急发电机组提供主发电机组启动电源及全厂事故状态下的应急电力，保证终端厂的安全。

涠洲终端发电站西门子机组的设计装机容量为 17120kW，单台燃气轮机发电机组的现场装机容量 4280kW，目前实际运行方式为三用一备。发电站自动管理系统具有优先脱扣保护功能，断路器保护设定值为发电机额定值的 90%。因此，西门子机组的实际运行容量为 11556kW。四台燃气轮机发电机组在实际运行中互为备用，在电站管理中也将四台主发电机组相互切换使用。2012 年底，涠州终端扩建两台乌克兰 6MW UGT6000 型燃气轮机发电机组，设计装机容量 12MW，单台机组装机容量 6MW，运行方式为两用一备。

（2）项目背景

涠洲终端建设时安装有四台西门子公司生产的 Typhoon73 型燃气轮机发电机组，为满足日益增长的电力负荷需求，“十二五”期间，扩建了两台 6MW UGT6000 型燃气轮机发电机组。这些燃气轮机均采用简单循环运行方式，天然气燃料的能量除28%左右用于发电外，其余大部分热能都通过燃气轮机烟气直接排入大气，不仅造成了环境的热污染，增加了二氧化碳的排放，更是一种能源的浪费。湛江分公司决定针对涠洲终端四台Typhoon73型燃气轮机发电机组和两台UGT6000型燃气轮机发电机组烟气余热利用的可行性进行相关的技术研究。

① 项目建设的必要性

a. 满足涠洲终端日益增长的电力负荷的需要　一方面，随着涠西南油田群的进一步开发，整体电力短缺的情况将日益突出，同时为满足地方经济快速发展的需求，涠洲终端发电厂还负有向涠洲地方政府供电的任务。另一方面，现有四台Typhoon73型燃气轮机发电机组和两台6MW UGT6000型燃气轮机发电机组均采用的是简单循环，大量能量均随高温烟气排入大气。如果能将这些燃气轮机烟气余热利用，回收用于生产蒸汽，推动汽轮发电机组发电，不仅可以满足日益增长的电力负荷需求，还可向地方提供更多的电力，实现节能减排，降低天然气消耗，减少燃气轮机发电机组运行台数，提高涠洲终端发电厂备用量，进一步保障涠洲终端发电厂供电的安全性和可靠性。

b. 节约能源的需要　按涠洲终端现有的电力负荷，经理论计算，该项目经余热锅炉回收利用改造后，可安装一台铭牌出力10MW补汽凝汽式汽轮发电机组，额定发电量8.64MW，扣除厂用电后，可对外供电8.251MW。如果将所发电力折合成燃煤电厂的标准煤耗，相当于每年节约标准煤量24192t左右［发电标准煤耗按350g/(kW·h)计算，8000h/a］，达到提高能源利用效率、节约能源的目的。

c. 环境保护的需要　涠洲终端发电厂燃气轮机发电机组均采用的是简单循环，其400～530℃左右的高温烟气均直接排入大气，本身会对周围环境造成一定的热污染。

另外，如果将本项目所发电力折合成燃煤电厂的标准煤耗，相当于每年节约标准煤量24192t，每年可相应减排SO_2约1640t，减排CO_2约52738t，减排NO_x约793t，减少烟尘排放约230t，大大减少了温室气体和酸性气体的排放。

② 项目实施有利条件

a. 涠洲终端经过多期建设和改造后，现已进入稳定生产期，对其进行节能技术改造时机已成熟。

b. 燃气轮机的烟气余热技术已经成熟，余热利用设备已实现100%国产化，并取得了较为丰富的工程实践应用经验。

c. 余热按其温度不同，其能量品位的利用等级也不同，一般可分为三个品位：650℃以上的余热为高品位；650～250℃的余热为中品位；250℃以下的余热为低品位。涠洲终端燃气轮机的烟气温度在400～530℃之间，属中品位余热。高品位的余热为优质能源，它在余热能源总量中占有相当重要的比重，应尽量设法回收；低品位的余热，虽然温度较低，回收比较困难，但是，由于它在余热资源中占非常大的比例，利用潜力很大，应积极采取有效的措施，开展对这部分余热的回收利用；中品位的余热是比较好的二次能源，它在总余热能源中占有相当大的比例，在余热回收中是不容忽视的部分，在余热回收的条件及方法上都较前两种更为有利。

d. 涠洲终端公用设施齐全，水、电系统完善，便于实施燃气轮机余热利用改造，投资省。

e. 涠洲终端厂现有四台 Typhoon73 型燃气轮机发电机组和两台 6MW UGT6000 型燃气轮机发电机组，正常运行方式为五用一备，有利于在保证燃气轮机发电机组安全运行的前提下实施余热利用改造。

f. 热电联合循环余热利用方式，只增加三通挡板阀、余热锅炉等系统和设备，整套装置自动化程度高，易于操作、运行和维护，只需增加少量的运行人员即可满足要求。不影响燃气轮机发电机组的工作。

g. 本项目为国家节能减排鼓励项目，顺应了节能减排的需求，是建设周期短、见效快、经济效益明显的项目，不但增强了企业竞争力，同时也能产生良好的社会效益。

（3）项目实施方案

① Typhoon73 型燃气轮机余热利用方案　涠洲终端有四台 Typhoon73 型燃气轮机发电机组，在 ISO 条件下的输出功率为 4800kW，排烟温度为 517℃，设计运行方式为两用两备，目前实际运行方式为三用一备。Typhoon73 简单循环现场实际运行工况见图 3-26。

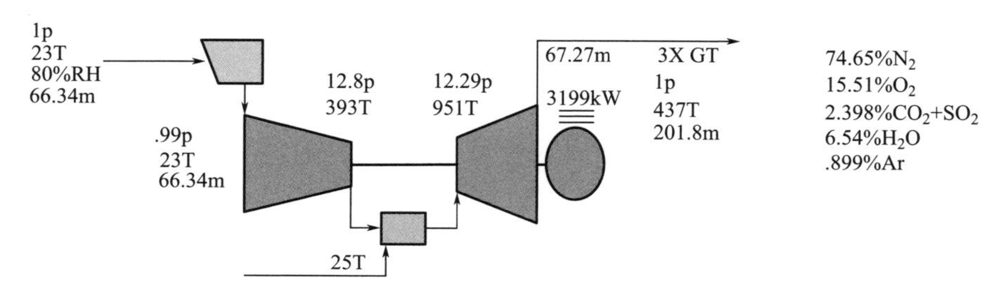

图 3-26　Typhoon73 简单循环现场实际运行工况示意图

涠洲终端余热发电项目四台 Typhoon73 型燃气轮机发电机组配置一台双压余热锅炉。余热锅炉产生的中低压蒸汽分别经中、低压蒸汽母管引入汽轮发电机组主汽口和补汽口，推动发电机发电。同时配套相应的化学水处理系统、除氧给水系统、循环冷却水系统以及相应的电气和控制等设备和系统，构成海水冷却燃-蒸联合循环发电余热利用方式。Typhoon73 联合循环运行参数如表 3-19 所示。

表 3-19 Typhoon73 联合循环运行参数表（年平均温度 22.9℃）

序号	名称	单位	Typhoon73（两台运行）	Typhoon73（三台运行）
1	燃气轮机排烟温度	℃	443	443
2	燃气轮机排烟流量	t/h	134.56	201.84
3	余热锅炉中压过热蒸汽压力	MPa	2.0	2.0
4	余热锅炉中压过热蒸汽温度	℃	400.0	400.0
5	余热锅炉中压过热蒸汽产量	t/h	13	19.5
6	余热锅炉低压过热蒸汽压力	MPa	0.42	0.42
7	余热锅炉低压过热蒸汽温度	℃	205	205
8	余热锅炉低压过热蒸汽产量	t/h	2.4	3.6
9	余热锅炉排烟温度	℃	121.4	121.4
10	汽轮机中压过热蒸汽压力	MPa	2.00	2.00
11	汽轮机中压过热蒸汽温度	℃	390.0	390.0
12	汽轮机中压过热蒸汽量	t/h	12.8	19.2
13	汽轮机低压过热蒸汽压力	MPa	0.4	0.4
14	汽轮机低压过热蒸汽温度	℃	200	200
15	汽轮机低压过热蒸汽量	t/h	2.33	3.5
16	汽轮机发电量	kW	3139	4708

从表 3-19 可知，利用两台 Typhoon73 型燃气轮机烟气余热可产生中温中压过热蒸汽 13t/h 左右、低温低压过热蒸汽 2.4t/h，可供汽轮发电机组发出 3139kW 电力，排烟温度从 443℃左右降至 121.4℃以下，从而大幅度减少高温烟气直接排空带来的环境污染。

② UGT6000 型燃气轮机余热利用方案

现有两台 6MW UGT6000 型燃气轮机发电机组，ISO 功率 6MW，热耗率 12013kJ/(kW·h)，排烟流量 108t/h，排烟温度 430℃。

两台 UGT6000 型燃气轮机发电机组共配置一台双压余热锅炉。余热锅炉产生的中低压蒸汽分别经中低压蒸汽母管引入汽轮发电机组主汽口和补汽口，推动发电机发电。同时配套相应的化学水处理系统、除氧给水系统、循环冷却水系统以及相应的电气和控制等设备和系统，构成海水冷却燃-蒸联合循环发电余热利用方式。UGT6000 联合循环运行参数如表 3-20 所示。

表 3-20 UGT6000 联合循环运行参数表（年平均温度 22.9℃）

序号	名称	单位	UGT6000（一台运行）	UGT6000（两台运行）
1	燃气轮机排烟温度	℃	439	439

续表

序号	名称	单位	UGT6000（一台运行）	UGT6000（两台运行）
2	燃气轮机排烟流量	t/h	57.6	115.2
3	余热锅炉中压过热蒸汽压力	MPa	2.0	2.0
4	余热锅炉中压过热蒸汽温度	℃	400.0	400.0
5	余热锅炉中压过热蒸汽产量	t/h	8.1	16.2
6	余热锅炉低压过热蒸汽压力	MPa	0.42	0.42
7	余热锅炉低压过热蒸汽温度	℃	205	205
8	余热锅炉低压过热蒸汽产量	t/h	1.4	2.8
9	余热锅炉排烟温度	℃	125.4	125.4
10	汽轮机中压过热蒸汽压力	MPa	2.00	2.00
11	汽轮机中压过热蒸汽温度	℃	390.0	390.0
12	汽轮机中压过热蒸汽量	t/h	8.05	16.1
13	汽轮机低压过热蒸汽压力	MPa	0.4	0.4
14	汽轮机低压过热蒸汽温度	℃	200	200
15	汽轮机低压过热蒸汽量	t/h	1.4	2.8
16	汽轮机发电量	kW	1966	3932

从表3-20可知，利用两台UGT6000型燃气轮机烟气余热可产生中温中压过热蒸汽16.2t/h左右、低温低压过热蒸汽2.8t/h，可供汽轮发电机组发出3932kW电力，排烟温度从439℃左右降至125.4℃以下，从而大幅度减少高温烟气直接排空带来的环境污染。

③ 项目主要设备

a.余热锅炉　余热锅炉采用先进设计理念，总体技术世界领先。余热锅炉类型为立式烟道、双压、自除氧、水平螺旋翅片管、强制循环水管锅炉。传热元件螺旋翅片管全部布置于立式烟道内。锅炉型号为：Q140/458－17.8（3.5）－2.5（0.42）/436（205）。余热锅炉分成两个部分，即中温中压段和低温低压段，高温烟气先与中温中压段受热面换热，再与低压低温段受热面换热，以充分利用烟气不同品质的能量，实现烟气热能的梯级利用。余热锅炉系统包括锅炉入口烟道、余热锅炉本体（由管箱和受热面构成）、锅筒、锅炉钢架、出口烟道、炉水循环系统及其控制系统。

本项目共配置两台余热锅炉。4台Typhoon73型燃气轮机发电机组配套余热锅炉称为1#余热锅炉，终端的2台UGT6000型燃气轮机发电机组配套余热锅炉称为2#余热锅炉。

b.冷却水系统　本项目新建一套开式海水循环冷却系统和一套闭式淡水循环

冷却系统，海水循环冷却系统以经预处理的海水为冷却介质，分别向汽轮机凝汽器和板式换热器提供冷却水。闭式淡水循环冷却系统以除盐水为冷却介质，分别向汽轮发电机组滑油冷油器和发电机空冷器等提供冷却水。

本项目开式海水循环冷却系统新建3台逆流混凝土+玻璃钢冷却塔和4台海水循环水泵，冷却塔单台额定流量1500t/h，进、出水温43℃、33℃，循环水泵单台额定流量1500t/h，扬程25m，三用一备。

本项目闭式淡水循环冷却系统新建2台板式换热器（钛板），海水侧进、出水温33℃、41℃，淡水侧进、出水温43℃、35℃。设置2台淡水循环泵，单台额定流量200t/h，扬程50m。

c.蒸汽输送系统　2台双压余热锅炉的蒸汽输送管道采用母管制，余热锅炉的中压和低压过热蒸汽出口设有电动隔离阀，每台双压余热锅炉产生的中压、低压过热蒸汽分别经隔离阀进入中压、低压蒸汽母管，再由中压、低压蒸汽母管分别接入汽轮机的主汽口、补汽口，并在中压蒸汽母管上设置旁路系统，在汽轮机发生紧急故障或跳机时，中压蒸汽经减温减压装置后进入凝汽器，减温水采用凝结水泵出口的凝结水。中压蒸汽母管采用15CrMoG/GB5310无缝合金钢管，管道通径*DN*200，低压蒸汽母管采用20/GB3087碳钢无缝钢管，管道通径*DN*200。

d.汽轮发电机组　涠洲终端Typhoon73型燃气轮机和UGT6000型燃气轮机多数情况下烟气温度在450℃以下，为了最大限度利用燃气轮机烟气余热，余热锅炉采用双压余热锅炉，以便能够梯级利用燃气轮机排出烟气能量。因此汽轮发电机组亦选用双压汽轮发电机组，即补汽式汽轮发电机组，与双压余热锅炉相匹配。此外，涠洲终端发电厂不需要供热，因此不需要选择背压式或者抽凝式汽轮发电机组。综上所述，本项目汽轮发电机组应选择为补汽凝汽式汽轮发电机组较为合适。

本项目采用的汽轮机是特制的低参数补汽凝汽式汽轮机。余热锅炉产生的两路不同压力的蒸汽，全部是过热蒸汽。余热锅炉中温中压过热蒸汽进入汽轮机高压段做功，低温低压过热蒸汽从低压段入口进入汽轮机做功。

为了提高能源的利用效率，选用的汽轮机取消了效率较低的双列调节级，汽轮机通流部分由带有一定反动度的压力级组成，大幅提高了汽轮机的内效率。

汽轮发电机选用可控硅励磁的交流同步发电机，额定功率10000kW，额定电压6.3kV，额定频率50Hz，额定转速3000r/min，额定功率因数0.8，接线方式为Y，绝缘等级为F，工作制为S1，励磁方式为无刷励磁，冷却方式为空冷和水冷相结合。发电机定子测温采用铂热电阻Pt100，经测温接线箱引出。发电机设置有空间加热器，加热器出线经加热器接线箱引出。发电机主接线箱内外均装有接地螺栓，各个金属部件间由等电位连接线连接。发电机主出线采用下出线方式，发电机出线口设置出线小室，室内设置出口电流互感器、避雷器等电器元件，现场装配。发电机保护设施包括但不限于纵联差动保护、90%定子绕组接地保护、转子接地保护、复合电压过流保护、失磁保护、过负荷保护、频率保护和逆功率保护。

e. 汽轮机组调节与保护系统　汽轮机组调节与保护系统包括汽轮机数字电液控制系统（DEH）、汽轮机紧急停机跳闸保护及事故追忆系统（ETS/SOE）、汽轮机检测保护系统（TSI），完成对汽轮机的状态监控、运行调节和应急保护的功能。

DEH 系统的主要任务是调节汽轮发电机组的转速、功率，使其满足电网的要求。它通 过控制汽轮机进汽阀门的开度来改变进汽流量，从而控制汽轮发电机组的转速和功率。在紧急情况下，其保安系统迅速关闭进汽阀门，以保护机组的安全。ETS/SOE 系统的主要任务是监视对机组安全有重大影响的某些参数，当这些参数超过安全限定值时，该系统就通过 AST 电磁阀失电泄去危急遮断油，关闭汽轮机全部进汽阀门，紧急停机，并且 ETS 具备显示功能，可以准确记录停机原因。TSI 系统的主要任务是独立执行检测保护，可以方便地将检测数据通信到 DEH 和 DCS 系统用于集中监控、报警，通信到 ETS 系统中用于系统联锁保护。要求其快速可靠，配备独立于人机界面系统的通信接口，其中测量的参数包括有汽轮机转速、轴振、瓦振、偏心度、轴向位移、胀差等。

f. DCS 监控系统　本余热发电项目机组采用炉、机、电集中控制方式。在电气间二层设有一间中央控制室。在中央控制室内采用 DCS 对余热锅炉、汽轮发电机组等进行集中监视和控制。其功能范围包括余热锅炉、汽轮发电机组、新增辅助设施及公用系统部分的数据采集、控制调节和监控保护。

DCS 具有高性能的工业控制网络及分散处理单元、过程输入输出通道、人机接口和过 程控制软件，不仅完成锅炉、汽轮机及其辅机热力生产过程，而且协同终端厂 EMS（能量管理系统）的控制。DCS 的监控可以由人机接口实现，公用系统的监控集中在汽轮机机组 DCS 人机接口中。

考虑到终端厂安全性的要求，将故障分散到最低，DCS 系统应充分考虑物理上和功能上的分散。DCS 的主要配置包括两台余热锅炉分别配备两台远程 I/O 柜，为新增辅助设施、公用部分和汽轮机组配备至少一台 I/O 柜，其中一台为远程 I/O 柜；为余热锅炉配备两台 DCS 控制柜，汽轮机机组配备一台 DCS 控制柜；为余热锅炉和汽轮机机组各配备两台操作员站和一台工程师站。

（4）涠洲终端余热电站项目效益分析

根据涠洲终端发电厂燃气轮机简单循环运行数据，Typhoon73 型燃气轮机发电机组现场工况下发电天然气气耗约 0.5674Nm^3/kW，UGT6000 型燃气轮机发电机组现场工况下发电天然气气耗约 0.5646Nm^3/kW。二者较为接近，全站平均气耗为 0.566Nm^3/kW。本项目投产后，联合循环中的汽轮机发电量为 8142kW，折算成燃气轮机简单循环，需消耗天然气 4608Nm^3/h。按年运行

8000h 计算，相当于年节约天然气 36866976m^3。

Typhoon73 型燃气轮机和 UGT6000 型燃气轮机加装余热锅炉进行节能改造后，综合热效率将大幅度提高。运行参数下，燃气轮机烟气中，约共有 397.11t/h 的高温烟气进入余热锅炉，可以产生 35.8t/h 左右的蒸汽，发电 8142kW，节能效果显著，而且大幅度减少了 CO_2 排放。实施燃气轮机烟气余热利用改造后，排烟温度分别从 447℃和 389℃降低到 115.6℃和 125.4℃，大大减少了烟气的热污染。

按售电模式，根据财务分析可知，在考虑资金的时间价值的情况下，利用燃气轮机烟气的热量进行余热发电后所得的利润，约 5.85 年后可以回收投资。经过经济效益分析可知，在基准收益率为 8%、运行期为 20 年的情况下，本项目的财务净现值为 8654.37 万元，项目投资财务内部收益率为 24.3%。按售气模式，根据财务分析可知，在考虑资金的时间价值的情况下，利用燃气轮机烟气的热量进行余热发电后所得的利润，约 4.49 年后可以回收投资。

3.3 电力组网技术应用

3.3.1 电力组网技术简介

海上油田电力系统中主电源是保证油田正常生产的核心设备。主电站一般配置一台发电机为冷备用，主要用于检修及满足短时负荷需要。海上油田电力网络一般是辐射性网络。平台之间传送电能均采用海底电缆，线路容性充电功率较大。海上油田负荷集中在平台上，配电线路较短，且相对较为稳定。系统中可能含有的大功率高压电动机在启动时对电网有较大的冲击。另外，平台上应用变频控制的装置越来越大，电网谐波污染较严重。由于海上油田电力系统容量小，系统还装有负荷优先脱扣系统，当发电机故障时可通过预设的卸载程序卸掉相应的负荷而确保系统稳定。

海上油田电力组网分为两种情况，一种是涉及老油田改造的电力组网，另一种是新开发油田电力组网规划。这两种情况的电力组网方案设计流程基本相同，不过后者不需要校核原系统电力现状。目前主要采用交流并网方案，需要综合考虑电站规模、负荷大小、输送距离等因素确定系统联网电压等级及同期点。就目前海上油气田电力系统规模，通过论证，组网主干线推荐采用 35kV 等级（经小电阻接地）。具体的组网方案，则需要通过电力仿真（计算）软件建立模型，进行系统各种运行方式下的潮流计算和短路计算，确定系统主接线及接地方式、联网变压器容量、联网电缆截面等。

油田群中各个油气田建设投产时间不一样，规模也各不相同，涉及组网的几个油田电站可能存在以下一些情况：

① 各个电站发电机类型不同，可能包含原油发电机或燃气轮机发电机，且额定功率和机组响应特性各不相同；

② 各发电机组投产时间不一样，因此机组老化程度不同，机械性能也不尽相同。

在系统容量小的情况下，各种不同类型机组之间的融合是海上油气田电力组网的关键技术之一。电力组网的首要任务就是要掌握各个发电机组的有功、无功调节特性以及机组的运行模式与控制模式。海上油气田的传统独立电站通过配置功率分配器，将负荷均匀分配到各台发电机组，出力分配模式为等比例分配模式，且发电机组一般设置为无差（isoch）调节模式。这种发电调度模式适应于单电站小型电网结构，能较好地维持电网稳定运行。但是当多个电站组网，则需要综合考虑整个大系统内电站之间功率平衡、功率流动以及机组调节响应特性等，具体如下：

① 系统内机组可分为调度模式（有功、无功均给定）、等比例模式（swing，有功、无功等比例出力），一般是将所有机组都设定为等比例出力模式。

② 由于系统中机组单机容量均较小，机组之间相互影响较大，且各机组均为平衡节点，为了保证系统尽快稳定，机组采用有差调节方式。各个机组的响应时间常数要一致，或者通过能量管理系统修正为相同的响应速度。

③ 保证在系统内有功平衡后，对无功平衡同样可采用类似的控制方式。无功控制方式可采用等比例模式或等功率模式。另外，无功平衡及电压控制还需要综合考虑系统内变压器的档位调节，它可适当改变无功流动。

3.3.2 项目背景

涠西南油田群是湛江分公司规划中的重要产油基地，根据涠西南区域规划，湛江分公司拟在此油区建设规模达 $420\times10^4\mathrm{m}^3$ 原油产量的产油基地。但是根据目前的认识，涠西南油区将来投入开发的大多数皆为中小油气田，油田规模小、品味低、分布零散、单独开发经济效益差。这些油气田只有依托现有生产设施，采用区域开发的理念和做法才能大幅度降低成本，提高经济效益。然而，涠西南区域开发面临着以下四个突出问题：区域内节能减排状况恶劣、中小油田无法得到有效开发、安全生产受到严重影响和操作成本节节攀高。

针对当时严峻形势，湛江分公司首次创新性地提出了在中国海上“节能减排与区域开发统筹考虑、一体化实施”的理念，以节能减排工作为突破口，依靠科技进步、自主创新，在节能减排技术应用方面进行了大胆实践，从 2004 年开始立项，开展了海上油田电力组网技术攻关和海上实验，取得了很好的节能减排效果和经济效益，对中国海上未来油气田的区域开发具有重要的指导意义和积极的示范作用。

海上油气田群电力组网的必要性表现如下：

① 组网后平台之间可互供电力、互为备用，减少了因事故及大型负荷启动而备用的容量，提高了电网运行的经济性；增强了电网抵抗事故能力，实现事故情况下的相互支援，显著提高了各电站安全水平和供电可靠性。

② 组网后系统能承受较大的冲击负荷，如注水泵、压缩机等冲击负荷，有利于改善和提高电能质量。

③ 组网后可减少备用机组数量，节省投资及运行、维护成本。在油田群滚动开发前景非常广阔的情况下，组网的经济效益更加明显。对于老油田来说，通过电力组网可以充分利用各个油田电源装机容量，提高各平台供电的可靠性及经济性，解决了本平台电源检修或事故退出运行时的供电问题，实现油田电网可靠经济运行。对于新开发的油田群，若从最初设计就统一规划电网、实现电力组网，更能有效节省油田开发与生产成本。

3.3.3 项目实施方案

3.3.3.1 涠西南油田群电力组网项目改造内容

（1）电力组网方案设计

涠西南油区油田群电力组网示意图见图 3-27，其中平台之间千米数为海缆长度。涠西南油田群电网光传输拓扑图见图 3-28。

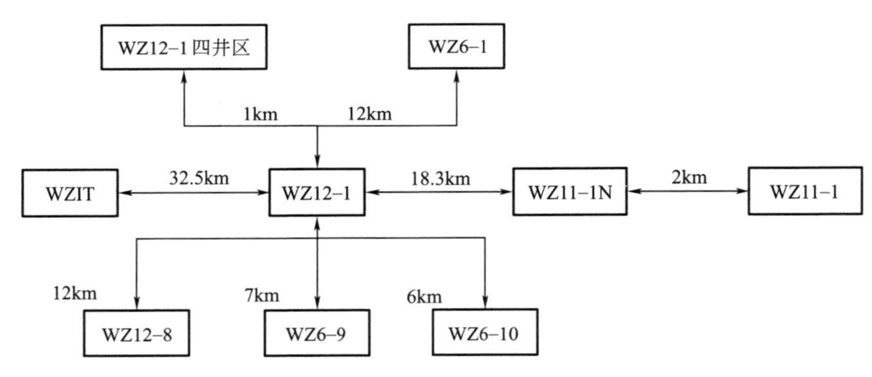

图 3-27　涠西南油区油田群电力组网示意图

（2）电力组网电压等级选择

考虑到正常情况下各平台电源均有开机，线路输送潮流很轻，各平台间联络线路均为电缆，轻载时充电功率较大，将导致受端电压高于送端，而线路充电功率与电压等级平方成正比，110kV 充电功率是 35kV 的近 9 倍；经济性方面，35kV 绝缘要求远低于 110kV，其线路及变电装置造价仅为 110kV 的 1/3～1/2。

因此，电力组网主干线路电压等级采用 35kV。而考虑到涠州 11-1 与涠州 11-1N 平台电站的交换功率小、距离短的特点，同时考虑到避免涠州 11-1 平台结构过载问题，涠州 11-1 与涠州 11-1N 平台电力系统之间电网电压等级仍采

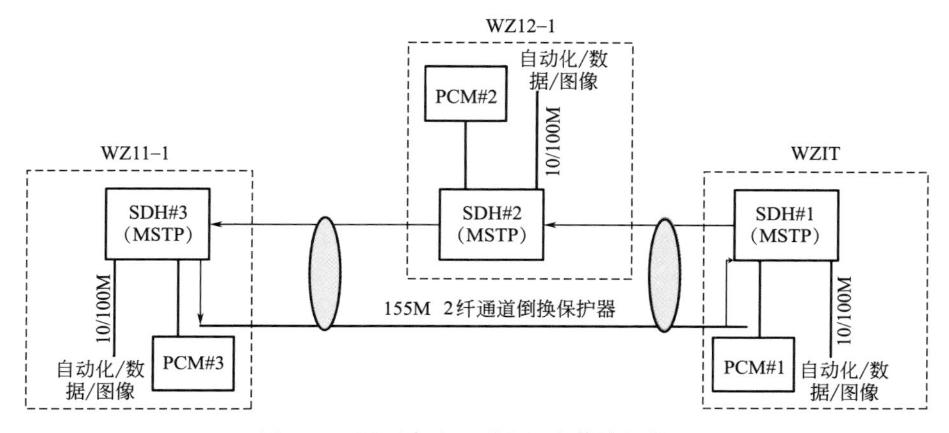

图 3-28 涠西南油田群电网光传输拓扑图

用 6kV。

（3）海底电缆截面选择

经技术、经济比较，并考虑到后期滚动开发的电力需求，一期工程中 WZIT（涠州终端）与涠州 12-1 平台之间采用 3mm×185mm 截面电缆；涠州 12-1 与涠州 11-1N 之间采用 3mm×95mm 截面电缆；涠州 11-1 与涠州 11-1N 之间采用 3mm×150mm 截面电缆。

（4）主变压器选择

涠洲终端配置 2 台、涠州 12-1 和涠州 11-1 平台各配置 1 台 12500kV・A 有载调压变压器。

（5）电气主接线及接地方式

35kV 采用单母线或单母线分段接线，6kV 采用单母线分段接线。接地方式均通过消弧线圈接地。35kV 出线、主变断路器均为同期点。

3.3.3.2 项目关键技术介绍

（1）国内首创“能量管理系统（EMS）”保障海上电网安全运行

陆上电网由 SCADA/EMS 系统完成电网频率及联络线功率交换的控制，由在线安全稳定控制系统完成故障情况下电网的稳定控制，由电站综合自动化系统提升电站自动化水平以减少运行人员配置。这些系统对于油田群孤立小电网显得庞大而复杂，不仅投资大，还需配备大量的运行维护人员。

针对海上石油平台电网与陆上电网的不同，特别是石油平台生产的特殊性，海上油田群电网必须比陆上电网自动化程度要求更高、实时性更强、功能更高度集成、通道速率更高，信息传输实时性为毫秒级。为此，创造性地提出能量管理系统（EMS）解决方案，很好地满足了油田群电网安全稳定控制的需要。

本项目创造性提出了适合于海上电网的能量管理系统（EMS）独特的网络结

构，形成了独特的能量管理系统（EMS）通道组织，设计了能量管理系统（EMS）完善的控制策略，实现了海上电网独特的功能。

能量管理系统是组网后系统的“大脑”，负责整个电力系统的发电调整与控制、电压调整与控制、安稳控制、数据采集与监控及电力管理等功能。因此，EMS应采用先进可靠的通信控制结构。考虑到系统规模不大，可将系统功能高度集成化，实现SCADA/EMS、安稳控制和电站自动化等功能。

（2）安稳策略

传统的单电站电力系统是通过优先脱扣系统确保系统稳定的，而当多个电站组网后，系统的安稳策略将变得十分复杂。通常需要穷举所有可能的事故情形，并结合油田负荷构成及负荷重要级别，制定相应的优先脱扣程序。

虽然安稳策略本身的原理并不是很复杂，但是其具体的流程与程序十分复杂，并且需要反复校验。

组网后系统优先脱扣的基本原则是：

① 优先脱扣应考虑并网模式、局部并网模式和单平台模式，增加系统的灵活性与可靠性。

② 基于电网热备用、预先计算、循环累加的原理实现可变优先级的优先脱扣功能。

③ 优先脱扣实时性要求高，一般在故障发生后的6个周波（120ms）内，EMS的优先脱扣应可靠动作（不包括断路器分闸时间）。

（3）无功补偿

由于海上油气田电力系统输电线路均采用海底电缆，因此在并网运行过程中长距离海底电缆的运行会带来发电机自激及充电功率大等问题。为了解决该问题，可以通过ETPA或EDSA等电力计算软件建立系统模型，模拟各种运行工况，并通过计算配置电抗器组。当轻载状态或单台机组带电缆线路并网时可投入电抗器。另外，多个电站组成大系统后，远距离负荷端可能电压偏低，这时可以在远端平台低压侧或中压侧配置电容器组，提高末端电压水平。

（4）创新型海底电缆设计和成功应用保障了电力组网的通信“通道”

传统的复合型海缆设计通常为不锈钢套管内带光纤的方式，不锈钢套管由软填料固定在电缆与外钢丝铠装间三角形区域，在海底电缆成缆过程中，运输、施工过程中极易损坏光纤，给后续的电力系统建设带来不小的麻烦，如涠州12-1油田B平台的海缆，在施工过程中将其10根光纤损坏7根，严重影响了涠州12-1A平台和涠州12-1B平台的生产管理系统和电力系统建设。本项目的海底电缆截面较大，为3mm×185mm，电缆也长达32.5km，整根电缆重量达到1298t。同时，海缆敷设的涠洲海域为渔区，海缆敷设方式为挖沟0.7m进行敷设，这些都对光纤的保护提出更高的难度。而本项目中，光纤是整个电力组网项目的神经，不仅电网安全控制系统需要它，而且将来涠西南油田区域内的采油自动化建设、数字化油田的建设都必须依靠它，所以，海底电缆的光纤非常重要。为此，在原海底电缆设计的基础上，本项目创新性地进行了海底电缆的设计以满足对光纤保护的要求。

本项目将 24 根光纤分两股对称分布在电缆的两侧，以使海缆在异常弯曲的情况下依然能够保护好其中一侧的那股光纤。在光纤的不锈钢套管外面，创造性地设计了两圈方向相反铠装的磷化钢丝，大大加强了光纤不锈钢套管的硬度和抗扭能力。在以往的海底电缆设计中，电缆、光纤不锈钢套管之间的填料通常为软填料，常常导致海底电缆成缆过程中，将软填料和光纤不锈钢套管挤进电缆间的情况，导致光纤损坏，本项目国内首创光纤不锈钢套管的“鸟巢”结构设计形式：将电缆、光纤不锈钢套管之间的软填料设计成模式的硬填料，并在硬填料中根据不锈钢套管的实际大小为其设计合适的“鸟巢”，从而更好地保护了光纤。

海底电缆制造完成后，经过取样拉伸强度、弯曲等破坏性实验，电缆允许使用最大张力达 110 kN；电缆允许最大侧压力 3000 N/m；电缆弯曲刚度 0.15 kgf/mm^2（1 kgf=9.8 N）；允许最小弯曲半径，敷设中为 2720mm，运行中为 2040mm；张力弯曲后光纤残余衰减≤0.02dB，远远优于通常复合型海缆设计的 0.05dB 效果。该项目施工完成后，经光纤检测测试，24 根光纤完好，光缆衰减量完全达标。

涠西南油田群电力组网项目的海底电缆设计中，国内首创海缆光纤结构形式设计，保障了电力组网的安全通信“通道”，在我国海上海底电缆的设计、加工、施工过程中，具有广泛的推广价值。

（5）光纤电流差动保护在 35kV 海底电缆的应用

在国内海洋石油系统内，首次采用光纤电流差动保护用于 35kV 海底电缆的保护，使海底电缆在故障时能得到全线速动的保护，在极短的时间内切除故障，保证电网的安全。

安装光纤电流差动保护后，任何一段海底电缆发生故障，均可在快速切除故障后保持电网（平台）运行的稳定。

（6）涌流抑制器技术的应用，解决了励磁涌流对电网的冲击影响

本项目变压器空载合闸时最大励磁涌流为额定电流的 6～10 倍，而电网内机组台数少，容量小，励磁涌流将对电网及发电机电压的建立产生较大的影响，且容易造成变压器继电保护装置误动作，需要采取一定的措施，限制励磁涌流的影响。

经多方案比较和论证，决定采用涌流抑制器解决方案，即在主变压器高压侧配置涌流抑制器，该抑制器通过变压器断电时电压的分闸相位角获知磁路剩磁的极性，下一次合闸时选择在相近的相位角，从而避免变压器铁芯磁通的突变而产生励磁涌流。

（7）并联电抗器的技术应用，为发电机平稳运行提供保障

由于全部采用海缆线路组网，在轻载状态充电功率较大，电网潮流计算分析

结果表明，要满足电压控制和无功平衡要求，需要配置电抗器予以补偿。其中涠洲终端需要配置3～4 Mvar的电抗器，涠洲11-1平台需要配置1～2 Mvar电抗器才能满足无功平衡（发电机不进相）和电压控制要求。即WZIT（涠州终端）、涠洲11-1平台各配置4 Mvar、2 Mvar的电抗器，按2×1 Mvar分组，按可投切设置。本设计在WZIT配置（2×1.5）Mvar＋1Mvar电抗器组予以补偿。在负荷较大、电压较低时将电抗器予以切除。

为解决单台发电机带电缆线路时引起的发电机自激问题，采用两台发电机组同时带电缆线路或并网时投入电抗器的运行措施。

（8）35kV充气式开关柜的应用提高了电网可靠性，大量节省空间

普通的35kV开关柜不但体积庞大，而且接线方式要求的位置大，使我们进行电网建设时必须建造更大的配电室，而电网是在原有的平台进行改造，空间本来就有限，且布置满了生产设备；平台结构的承重也是个问题，因此必须寻找体积小，重量轻，性能优良的高压开关装置。经过调研和比选，新型SF6气体绝缘全封闭式开关柜满足要求，且具备众多优点：全封闭式结构不受盐雾、潮气、油、汽影响，安全性高；母线室与断路器室为SF6气体绝缘金属封闭结构，可以延长断路器和母排的寿命，如气室未泄漏，断路器和母排就无需检查（定期检查），为用户减少了检修和维护费用；柜体尺寸小，一次电缆和二次电缆均在柜前接线，开关柜可以靠墙安装，因而占地面积小，节省投资；母线气室插接的PT和避雷器均装有隔离/接地开关，维护检修方便。

新型SF6气体绝缘全封闭式开关柜属首次在中海油平台电力系统中采用，大大节省了平台宝贵的空间，提高了电网的可靠性，在海上平台电力系统建设，尤其是原有平台电力系统改造上具有很好的推广应用价值。

3.3.3.3 项目效果分析

（1）直接经济效益

① 仅涠洲终端（WZIT）和涠州12-1油田电力联网后，每年可节省天然气$1200\times10^4m^3$，随着后期涠州11-1、涠州11-4、涠州11-4D等电站的并入，预计每年可节省天然气$4000\times10^4m^3$以上，相当于每年节省费用6000万元（按当前天然气价格1.48元/m^3计算）；每年节省操作费用近1000万元人民币；电网设计使用年限内产生的直接经济效益达到21亿元人民币。

② 实现电力联网后，大大提高了供电的可靠性，避免由于电站机组关停造成平台停产事故的发生，提高了生产时效。经过估算，未来10年至少可多采油$1.2\times10^4m^3$，直接经济收益约3100万元人民币；由于本项目采用新技术，如使用35kV SF6开关柜使平台空间减小、应用全绝缘管母技术减少油田停产时间等，也带来较大的直接经济效益。

（2）间接经济效益

由于本项目很好地解决了涠西南油田区域开发中的电力利用问题，大大降低了区域内油田开发成本，使原来很多不能开发的边际油田得到开发，如涠洲11-1N油田的开发，若不依托电力组网，其开发经济评价IRR为11%，NPV为－4265万元；依托电力组网后，除去电网的建设费用，IRR达13%，NPV为4160万元。以在建设及在评价油田计，通过本项目实践，许多边际油田得以依托现有的设施进行开发，增加动用储量近$4000\times10^4m^3$，高峰产量达到$180\times10^4m^3$，累计增加产油$906\times10^4m^3$，若以油价60美元/桶计算，可获得收益约177亿元。

（3）节能效益

实现电力联网后，可以提高机组效率，少开机组，年节能量达到53000tce。

3.4 循环水塔水轮机节能技术应用

3.4.1 水轮机简介

冷却塔水轮机将循环水的水能转化为机械能。利用冷却塔设备所在的循环冷却水系统冗余水能驱动水轮机运转代替原电动机驱动风机散热，废除在传统的冷却塔中用电动机驱动风机的散热方式，省去机械减速装置和电动机，从而实现“零”电能消耗新节能环保型冷却塔。水动风机顾名思义就是以水力驱动风机，而不是传统的电力。在水动风机冷却塔中，是以水轮机取代电动机作为风机动力源。水轮机的工作动力来自系统的富余流量和富余扬程，即富余能量。

改造后，水泵提供的热水经过水轮机并带动其旋转。水轮机的输出轴直接与风机相连，进而带动风机旋转。通过水轮机的水在剩余动能和势能的作用下再流向布水器，完成布水。冷却塔散热系统的循环水是由冷却泵根据系统要求以特定的水压、水流量送至冷却塔内进行热交换的，因此进塔后的水流及余压，可以充分利用。完成送达冷却塔的冷却循环水按照一定的压力、流量流过水轮机组，从而使其获得输出功率，并驱动风机散热，完全省去风机电动机，达到100%免除风机电能的目的。

在安装水轮机时，可保留原有冷却塔外形结构、尺寸不改变，水轮机冷却塔的冷效、风机风速、气水比、噪声均比原有电动机驱动风机冷却塔有不同程度的改善，各种技术指标均能达到冷却塔设计要求。

传统冷却塔电动机有漏电伤人、火花爆炸的潜在危险，而改造后的冷却塔不用电，可从根本上杜绝因电动机漏电、断电、火花爆炸而产生的安全隐患，在防爆区域内可安全运行。水动风机冷却塔取消了电动机和减速机，使冷却塔重心下移，增加了运行环境安全性；随着季节的变化，水动风机的转速随着循环水流量的增减而增减，风量也随之增减，使冷却塔的气水比稳定在最佳状态，达到最好冷却效果。

3.4.2 项目背景

3.4.2.1 东方终端乐东循环水系统简介

东方终端乐东循环水系统配置逆流式冷却塔3台，2 用 1 备，总处理水量 1200m^3/h；实际总运行水量约 1100m^3/h，单台塔运行水量 550m^3/h。改造前冷却塔实际总回水量 1100 m^3/h，温降为 5℃(37℃到 32℃)，能满足冷却设备正常生产的要求，乐东循环水系统简图如图 3-29 所示。额定和实际运行数据表如表 3-21 所示。

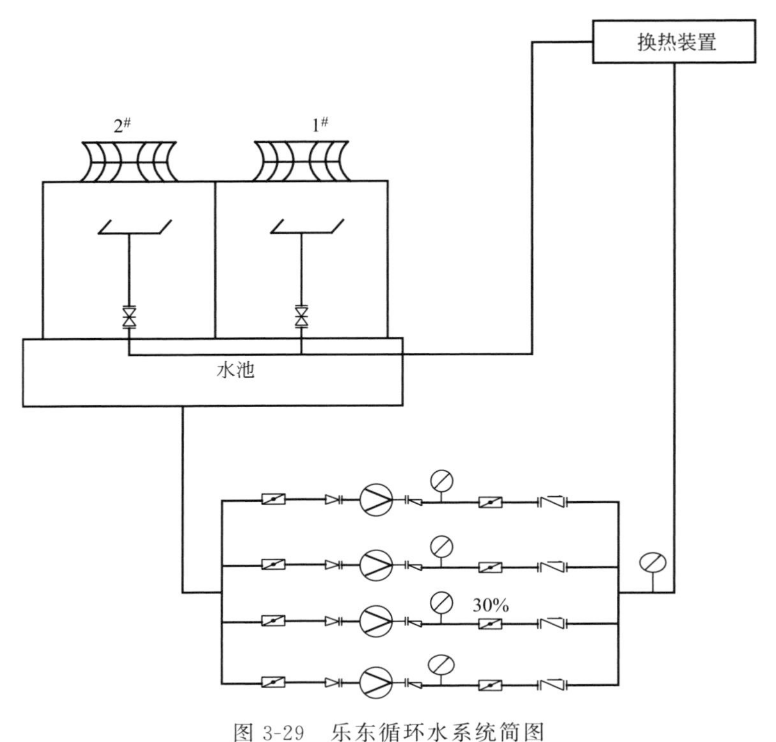

图 3-29 乐东循环水系统简图

表 3-21 额定和实际运行数据表

冷却塔部分			
设计处理水量	1200 m^3/h	数量	3 台(3 台逆流)
实际单塔流量	550m^3/h	在用数量	2 台
实测进塔水温	37℃(逆流)	实测出塔水温	32℃
生产厂家	宜兴市跃才水处理环保设备厂	上塔管径	500mm

续表

冷却塔部分			
塔上平面高度	5.25m	循环水量	1100 m^3/h
目前上塔阀门开度	100%	回水总管压力	0.1MPa(标高－10m)
回水管阀后压力	0.1MPa		
水泵部分			
型号	2500TS-65A	生产厂家	江苏飞翔泵业制造有司
数量	3台	在用数量	2台
额定流量	600 m^3/h	额定扬程	40m
水泵出口压力	35～45m	水泵出口阀门后压力	31m
水泵进口阀门开度	100%	水泵出口阀门开度	70%
风机部分			
数量	3台	实际在用数量	3台
风机叶片直径	4.16m	风机叶片材质	玻璃钢
风机转速	1470r/min	实测风机转速	1470r/min
传动形式	电动机—传动轴—减速箱—风机	电机功率	11.53kW
额定电压	380V/3相/50Hz	实际电压	380V
额定电流	30A	实际电流	22.7A
年使用时间	360d	电价	0.65元/度

3.4.2.2 系统改造可行性分析

（1）轴功率匹配计算

① 现风机轴功率计算：

$$P_{轴}=1.732IU\cos\varphi\eta$$
$$=1.732\times22.7\times0.38\times0.85\times0.86=11.5\ (\text{kW})$$

式中 I——电动机运行电流（22.7A，按其中两台风机电流计）；

U——电动机电压，0.38kV；

$\cos\varphi$——功率因数，0.85；

η——传动装置效率，电动机效率0.95、传动轴效率0.95、减速箱效率0.95、总计0.86。

② 水轮机工作压力计算　该系统冷却塔风机直径为4.16m，轴功率

11.5kW，针对现状况选用 $550m^3/h$ 水轮机与之相匹配，保证改造后风机转速不变，假设原风机运行功率和水轮机输出功率相等，即 $P_{轴}=W_{轴}$。

依据水轮机输出功率公式 $W_{轴}=gQH\eta=P_{轴}$，得：

$$H=P_{轴}/(gQ\eta)$$
$$=11.5/(9.81\times550\times0.85/3600)\approx9\ (m)$$

式中 $W_{轴}$——水轮机输出功率；

g——重力加速度，$9.81m/s^2$；

Q——水轮机进水流量，$550m^3/h$；

H——水轮机做功压力；

η——水轮机效率，0.85。

依据以上计算，改造后水轮机工作压力为 9m。

(2) 系统压力分析

① 水泵泵出口阀门闭压 P'　现运行泵出口平均压力 P_1，供水压力为 P_2，则泵出口阀门闭压为：

$$P'=P_2-P_1=40m-31m=9m$$

② 上塔阀门处富余压力　上塔阀门压力－塔底到布水器高度：10m－5.25m＝4.75m。

结论：该系统富余压力为 9m＋4.75m＝13.75m，改造后将阀门阻力转换为水轮机动力，13.75m＞9m（达到电动机功率所需水轮机压力），可满足水轮机满负荷运行条件要求，改造后系统供水压力不变，供水量也不变，工况参数也不会变，故该系统改造是完全可行的。

(3) 改造可行性说明

① 压力分析　水轮机做功压力为 9m，系统提供的富余压力为 13.75m，此压力满足水轮机满负荷运行的要求。

② 系统流量分析　老装置 3 台冷却塔流量约 $1100m^3/h$，两开一备，单台流量为 1100/2＝550（m^3/h）。

3.4.3 项目实施方案

3.4.3.1 系统改造方式

改造时将泵出口阀门和上塔阀门进行调节,将阀门闭压转移给水轮机做功，使改造后的水轮机达到风机所需额定转速。系统单台塔流量 550 m^3/h，常用 2 台均可以进行改造。

用冷却塔专用水轮机取代风机电动机，改电力驱动为水力驱动，使原塔成为新型的节能型水动风机冷却塔。改造时仅对冷却塔进出水管路做相应调整，塔体结构保持原状。改造前后示意图如图 3-30 所示。

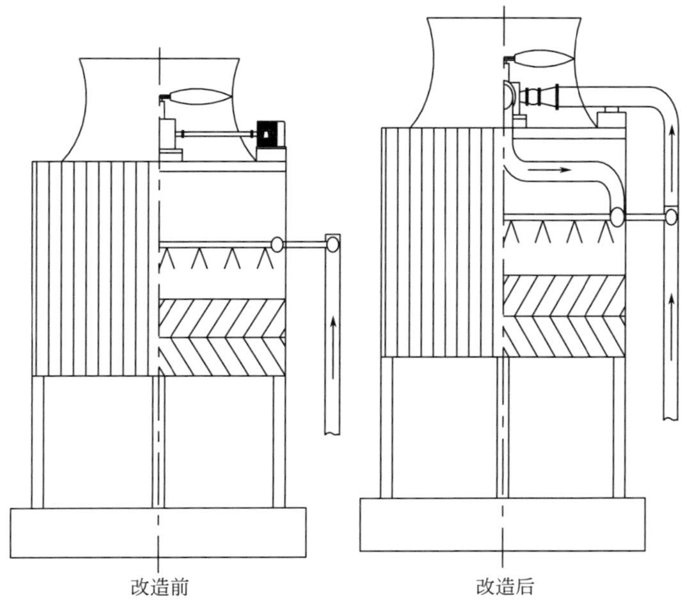

图 3-30　改造前后示意图

3.4.3.2　水轮机选用及规格参数

水轮机规格参数如表3-22 所示。

表 3-22　水轮机规格参数表

水轮机规格	
水轮机型号	HL-LJ-B_8-E
水轮机材质	外壳、叶轮等主要部件：铸钢 ZG310-570 主轴：40MnB

3.4.3.3　冷却塔改造步骤

① 3台逆流式冷却塔改造 2 台。

② 改造时原框架结构基本不变，只拆除减速机、传动轴、电动机和略微调整减速机基础高度。

③ 改造后系统工况有所改变，需对系统阀门进行调节，使工况满足水轮机设计标准。

④ 对上塔水管进行调整，使循环水经过水轮机以后再流入布水系统进行布水。

⑤ 改进水管为旁通管，在因特殊情况而需停开风机时，使冷却塔仍能正常使用。

⑥ 进出水管、水轮机底座做支撑，风筒开孔并加固。

⑦ 管道防腐处理。

3.4.4 项目效益分析

3.4.4.1 节电量及费用分析

风机电动机能耗计算(2台风机电机)：

2台风机电动机实际运行总功率约为 1.732×22.7×0.38×0.85×0.86×2（台）=21.84（kW），每年使用时间365d，每天24h，年总用电量为：

21.84kW×365d×24h/d=191318.4kW·h（度）

电价0.65元/度，则年节电费用：

191318.4度×0.65元/度=12.44万元

3.4.4.2 维护费用分析

电动机和减速箱日常管理和维修保养成本费为2万元/(台·a)，2台为4万元/a。

3.4.4.3 节省的总费用分析

12.44万元/a+4万元/a=16.44万元/a

3.4.4.4 社会效益分析

发展低碳经济，推动可持续发展是当下所有企业共同的社会责任。在企业带来可观的经济效益的同时，也在为社会节能减排做出巨大的贡献。

3.4.4.5 CO_2减排分析

据计算，如果直接消耗1度电，则间接向大气排放0.997kg二氧化碳。上述计算得出2台风机年总节电量为191318.4度，因此可算出每年可减少向大气中排放的CO_2总量为：191318.4度×0.997kg/度=190744kg。

3.4.4.6 标准煤节约分析

据计算，如果直接消耗1度电，则相当于间接向大气排放0.4kg标准煤。上述计算得出2台风机年总节电量为191318.4度，由此可算出每年可减少标准煤的使用量为：191318.4度×0.4kg/度=76527.36kg标准煤。

3.5 海水淡化节水技术应用

3.5.1 海水淡化技术简介

海水淡化即利用海水脱盐生产淡水，是实现水资源利用的开源增量技术，可以增加淡水总量，且不受时空和气候影响，可以保障沿海居民饮用水和工业锅炉补水等稳定供水。

海水淡化方法有海水冻结法、电渗析法、蒸馏法、反渗透法以及可实现盈利的碳酸铵离子交换法，目前应用反渗透膜的反渗透法以其设备简单、易于维护和设备模块化的优点迅速占领市场，逐步取代蒸馏法成为应用最广泛的方法。

从大的分类来看，海水淡化主要分为蒸馏法（热法）和膜法两大类，其中低多效蒸馏法、多级闪蒸法和反渗透法是全球主流技术。一般而言，低多效蒸馏法具有节能、海水预处理要求低、淡化水品质高等优点；反渗透法具有投资低、能耗低等优点，但海水预处理要求高；多级闪蒸法具有技术成熟、运行可靠、装置产量大等优点，但能耗偏高。一般认为，低多效蒸馏法和反渗透膜法是未来发展方向。

反渗透法，通常又称超过滤法，是1953年才开始采用的一种膜分离淡化法。该法是利用只允许溶剂透过、不允许溶质透过的半透膜，将海水与淡水分隔开的。在通常情况下，淡水通过半透膜扩散到海水一侧，从而使海水一侧的液面逐渐升高，直至一定的高度才停止，这个过程为渗透。此时，海水一侧高出的水柱静压称为渗透压。如果对海水一侧施加一大于海水渗透压的外压，那么海水中的纯水将反渗透到淡水中。反渗透法的最大优点是节能。它的能耗仅为电渗析法的1/2，蒸馏法的1/40。因此，从1974年起，美国、日本等发达国家先后把发展重心转向反渗透法。

反渗透海水淡化技术发展很快，工程造价和运行成本持续降低，主要发展趋势为降低反渗透膜的操作压力，提高反渗透系统回收率，降低高效预处理技术成本，增强系统抗污染能力等。

3.5.2 涠洲12-1PUQB海水淡化项目

3.5.2.1 项目背景

涠洲12-1PUQB平台每天消耗淡水30m^3，平台淡水罐容量160m^3，通常每5天需从海南马村码头补充淡水一次。因平台艏向问题，天气差时守护船无法向平台供水，油田曾出现过连续5d没有淡水使用情况。为了节约淡水资源，充分利用平台本身资源优势，达到节能减排的目的，湛江分公司在该平台增加了一套海水淡化设备。

3.5.2.2 项目实施方案

（1）海水淡化工艺选择

目前海上平台上采用的海水淡化方式主要有负压闪蒸和反渗透膜过滤两种。负压闪蒸方式是利用喷射器创造真空环境，使海水在较低的温度沸腾蒸发，从而产生淡水。反渗透膜过滤法是一种膜分离技术，利用膜的渗透作用将海水中的水和溶解盐分离，产生淡水。负压闪蒸和反渗透膜过滤对比如表3-23所示。

表 3-23　负压闪蒸和反渗透膜过滤对比表

造淡机选型	需求海水量/(m^3/d)	造淡量/(m^3/d)	电负荷/kW	热负荷/kW	橇外形尺寸($L \times W \times H$)/m	供货周期	单价
负压闪蒸式	3120	60	30	2000	2.7×1.5×2.4	6个月以上	30万美元
反渗透膜过滤式	400	60	25		3.0×3.0×2.2	3个月以内	120万元

从表3-23对比看以看出：反渗透膜过滤方式能耗低，消耗海水量少，平台改造工作量也较少，膜处理设备供货周期短。经估算，对于涠州12-1PUQB平台，年节约淡水约9000m^3，减少因补充淡水而靠拖轮次数约45次。拖轮补充淡水一次分摊费用约为6万元，年节约费用约270万元；另外，按3元/m^3水价考虑，年节约水费为2.7万元；由此得出年节约总费用为272.7万元。经过专家审核，最终选择反渗透膜过滤方式。

（2）淡水系统及柴油系统改造

① 淡水系统改造　原有淡水系统主要由篮式过滤器、淡水罐、淡水泵、压力淡水罐、紫外线消毒装置、热水罐等主要设备及其分配系统组成。淡水罐容量的设计考虑了平台7d的自持能力。淡水由供应船定期输送，从供应船泵至涠州12-1PUQB平台上先经篮式过滤器去除一部分杂质，再送到储量为2×80m^3的淡水罐。储存在淡水罐内的淡水一般由淡水泵至淡水稳压罐，再经压力淡水罐分配到平台上的生活楼用户、洗眼器、实验室、化学药剂用、机械室；也可由淡水泵直接分配到公用软管站用户。压力淡水罐为卧式罐，上部连接仪表气管线，依靠罐顶注入的仪表气维持压力。原有淡水收集系统主要用来收集来自飞机甲板的雨水和生活房间的空调冷凝水，用于冲洗甲板。该系统主要由淡水收集过滤器、淡水收集罐、淡水收集泵等主要设备及其分配系统组成。

涠州12-1PUQB海水淡化项目对淡水系统的改造主要是新增一套海水造淡设备。从平台已有的海水提升泵引一路海水去新增造淡机处理，生产的淡水送至新增80m^3淡水罐进行储存，再由新增15m^3/h淡水泵输送到新增1.5m^3淡水压力罐和已有1.0m^3热水罐，作为生活楼的公用用水（洗澡、洗衣）；原有的淡水系统作为饮用水源，当造淡水量供给不足或造淡机发生故障时，需要由原有的淡水罐提供水源。原有的淡水系统管线需进行一定改造。新增造淡水工艺流程图如图3-31所示，反渗透膜过滤工艺流程示意图如图3-32所示。

② 柴油系统改造　涠州12-1PUQB平台不设独立的柴油系统，平台柴油供应依靠涠州12-1PUQ平台。柴油用户包括透平发电机、应急柴油发电机、热介质系统、柴油吊机和柴油消防泵。

由于平台空间有限，需拆掉应急机柴油日用罐，在应急机柴油日用罐的位置放置新增的淡水罐、两台淡水泵等设备；应急机和热媒炉共用一个柴油日用罐。改造后，应急机和热媒炉共用的柴油日用罐液位低报值需要调高，保证日用罐内

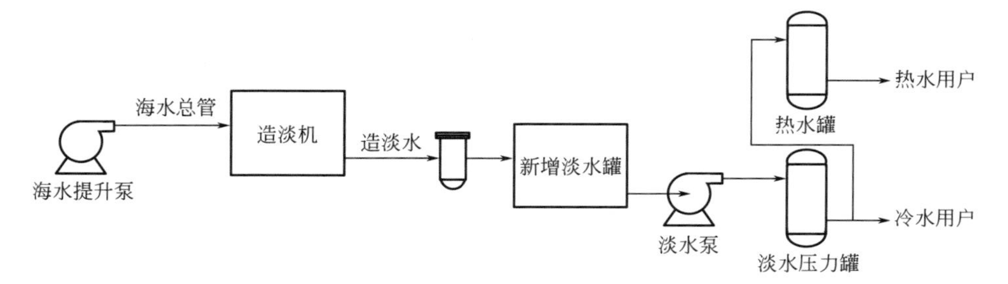

图 3-31 涠洲 12-1PUQB 新增造淡水工艺流程示意图

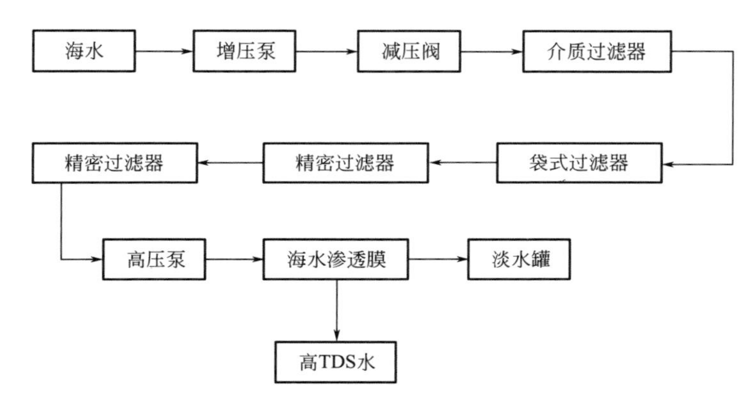

图 3-32 反渗透膜过滤工艺流程示意图

的液位低报值以下部分的柴油量可以满足应急机的用量。

同时在左右舷各增加一条加柴油的 2in（1in＝0.0254m）管线，柴油送至 40m^3 热媒炉柴油日用罐；热媒炉柴油日用罐增加一个用户，经新增柴油输送泵，分别送至透平柴油日用罐和柴油吊机。柴油系统改造流程示意图如图 3-33 所示。

③ 改造主要工作量

a. 拆除原有应急柴油罐，在原处新建造 1 个淡水储罐作为储存厨房用淡水罐。

b. 新增淡水罐接入拖轮淡水补充管线，并增加 1 条厨房用水单独供水管线与新增淡水罐连接。

c. 安装 2 台新淡水泵，并连接新淡水管线。

d. 新增 1 套 60m^3/d 的海水淡化装置。

e. 原有 2 个淡水储罐改为储存海水淡化水，供应厨房外的其他用水，并对此进行相关管线连接改造。

f. 新增 1 个 80m^3 淡水储罐。

3.5.2.3 项目效果分析

设计产水量为60m^3/d，回收率在 25%左右，产水 TDS 在 350×10^{-6} 左右，

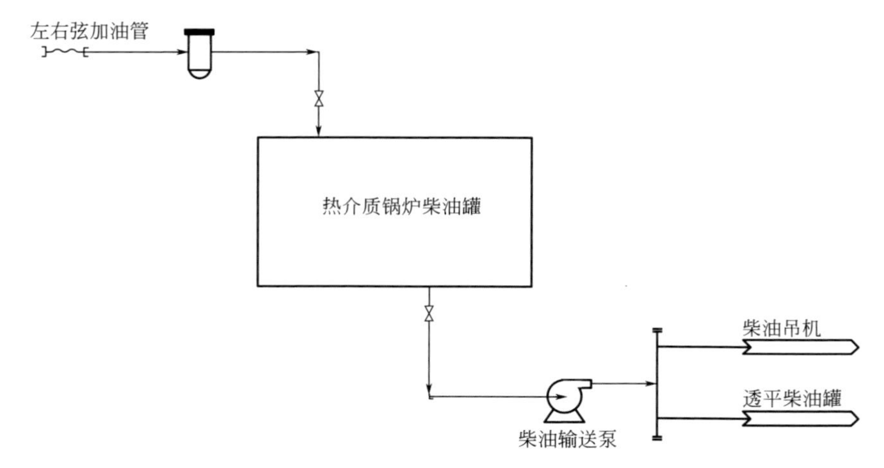

图 3-33　柴油系统改造流程示意图

除盐率在 99%左右。

2015 年 4 月 24 日涠洲 12-1PUQB 造淡系统试运行，经过测量，造淡机造出淡水约 $72m^3/d$，水质达到生活饮用水标准。

项目投用后，涠洲 12-1PUQB 和涠洲 12-1A 平台除了厨房用水，油田日常淡水消耗皆改为造淡水，涠洲 12-1PUQB 新鲜水消耗 $30m^3/d$ 下降至 $5m^3/d$，涠洲 12-1A 平台新鲜水消耗从 $32m^3/d$ 下降至 $6m^3/d$。每年可减少拖轮补充淡水 100 多次，节约淡水 1.5 万立方米。

3.5.3　文昌 14-3 海水淡化项目

文昌 14-3 海水淡化项目采用反渗透法制取淡水。主体设备主要由过滤系统、高压泵、反渗透膜组成。在反渗透膜作用下，将海水中的盐和水分离，从而获得安全、卫生、纯净的水。文昌 14-3 海水淡化原理示意图如图 3-34 所示。

活性炭过滤器系统是一种全自动的装置，可以除去水中的余氯、气味、颜色及有机物。

袋式过滤器的作用是截留原水带来的颗粒和悬浮固体，以防止其进入反渗透系统。系统中设置袋式过滤器，袋式过滤器过滤孔径为 10μm。一段过滤器是一种深层精密过滤装置。精密滤除水中泥沙、悬浮物、胶体、杂质等。它由 5μm 线绕式滤芯组成。二段过滤器是一种深层精密保安过滤装置，更加精密地滤除水中各种微细杂质。

它由 1μm 折叠滤芯组成。矿化罐内装有益人体的矿化石，补充水中的有益矿化物成分。造淡机采用 PLC＋上位机实现自动控制。系统的操作方式为现场就地控制和电脑集中控制，可进行自动与手动运行方式的切换。发生故障时，泵将自动关闭，面板上故障灯将会亮起，同时将信号发送给中控。

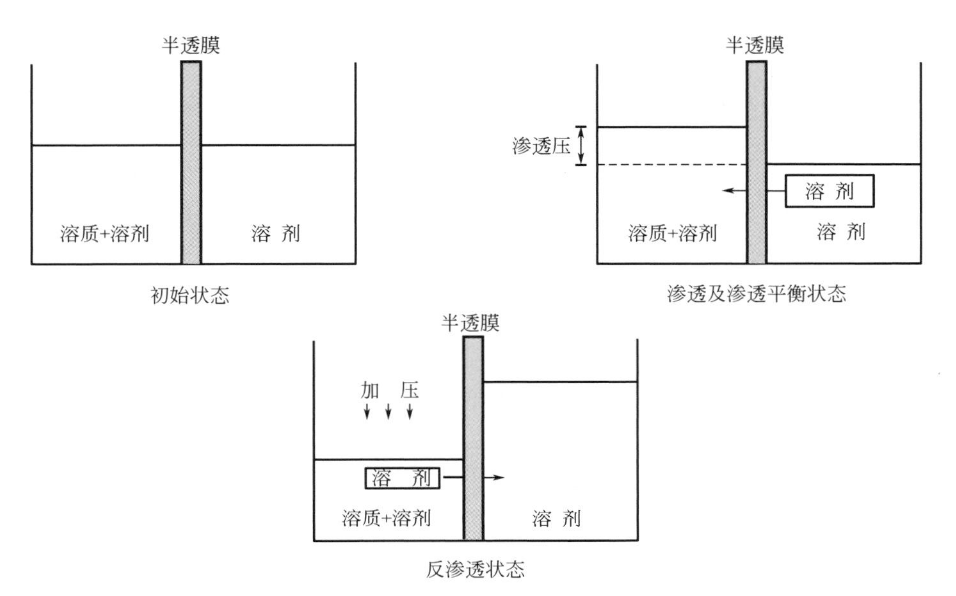

图 3-34 文昌 14-3 海水淡化原理示意图

项目投用后，每天节省淡水 20m^3，大大节省了用拖轮补给淡水的费用。文昌 14-3 海水淡化设备示意图如图 3-35 所示。

图 3-35 文昌 14-3 海水淡化设备示意图

3.6 生产和生活污水减排技术应用

3.6.1 生产污水减排技术运用

3.6.1.1 东方终端高浓度含油污水 CMBR 工艺处理实践

（1）项目背景

东方终端是接收中海油湛江分公司东方 1-1、乐东 15-1 及乐东 22-1 三个气田的天然气及凝析油处理的陆岸终端。

东方终端原设计的污水处理设施有闭式排放系统和开式排放系统，正常情况下终端每天产生污水约 $7m^3$，其中大部分为游离水，在集水池中生产污水充分沉淀分离后，浮油通过回收机回收并打回生产系统再次处理，污水进入污水池沉淀分离，满足化学公司处理系统要求后泵入化学公司进一步处理。

东方终端高浓度废液主要来源于气田开采过程中所产生的废水，其成分复杂，水质水量变化大，废水中还含有较多的化学药剂和污垢，处理难度较大。由于东方终端污水成分复杂、石油组分具有的毒性、各种难降解化学药剂的加入以及高矿化度的特点，单独使用常规处理工艺难以达到要求。基于以上原因，东方作业公司针对终端污水特点选择适合终端的污水处理技术，并通过对目前所有的工业污水处理技术对比和筛选，最终选择采用“膜生物反应技术（membrane bio-reactor，MBR）”进行现场试验并最终实施，取得了良好的效果。

（2）MBR 技术介绍及优势

膜生物反应技术（membrane bio-reactor，MBR）为膜分离技术与生物处理技术有机结合的新型废水处理技术。处理系统是一种由膜分离单元与生物处理单元相结合的新型水处理系统，以膜组件取代二沉降池，在生物反应器中保持高活性污泥浓度，减少污水处理设施占地，并通过保持低污泥负荷减少污泥量。MBR 工艺原理示意图如图 3-36 所示。

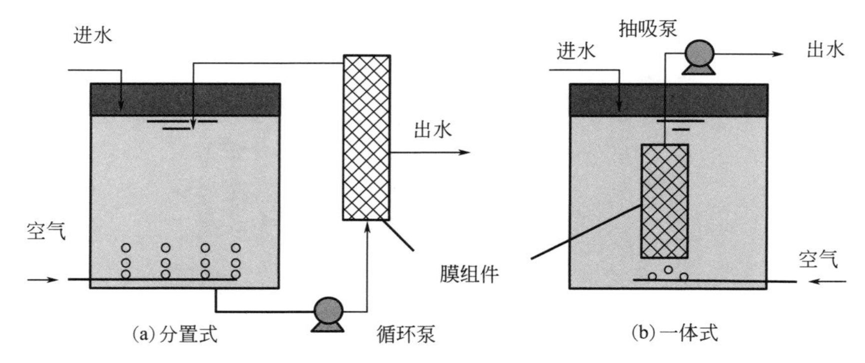

图 3-36 MBR 工艺原理示意图

MBR 工艺具有传统工艺不可比拟的优点：

① 高效地进行固液分离，其分离效果远好于传统的沉淀池，出水水质良好，出水悬浮物和浊度接近于零，可直接回用，实现了污水资源化；

② 膜的高效截留作用，使微生物完全截留在生物反应器内，实现反应器水力停留时间（HRT）和污泥停留时间（SRT）的完全分离，运行控制灵活稳定；

③ 由于 MBR 将传统污水处理的曝气池与二沉降池合二为一，并取代了三级处理的全部工艺设施，因此可大幅减少占地面积，节省土建投资；

④ 有利于硝化细菌的截留和繁殖，系统硝化效率高。通过运行方式的改变亦可有脱氨和除磷功能；

⑤ 由于泥龄可以非常长，从而大大提高难降解有机物的降解效率；

⑥ 反应器在高容积负荷、低污泥负荷、长泥龄下运行，剩余污泥产量极低，由于泥龄可无限长，理论上可实现零污泥排放。

（3）项目实施方案

① 项目中试　根据现场污水水质特点，开展了膜生物反应技术联合处理污水的小规模现场试验，试验取得了圆满成功。该试验采用基于陶瓷平板超滤膜所开发的 CMBR（china membrane bio-reactor，陶瓷膜生物反应）工艺对高浓度含油废水进行了可行性处理试验。试验中，进水 COD_{Cr} 浓度从 300mg/L 逐步提升至 7500mg/L，进水油类浓度从 0mg/L 逐步提升至 1606.5mg/L，有机负荷从 0.1g（COD_{Cr}）/（L・d）逐步升至 2.03g（COD_{Cr}）/（L・d）。试验结果表明，控制有机负荷在 1.5g（COD_{Cr}）/（L・d）时，COD_{Cr} 去除率 97.4%，油类去除率 99.8%，CMBR 工艺运行稳定，出水完全能达到《污水综合排放标准》（GB 8978—1996）中一级排放标准所要求值。项目中试流程示意图如图 3-37 所示。

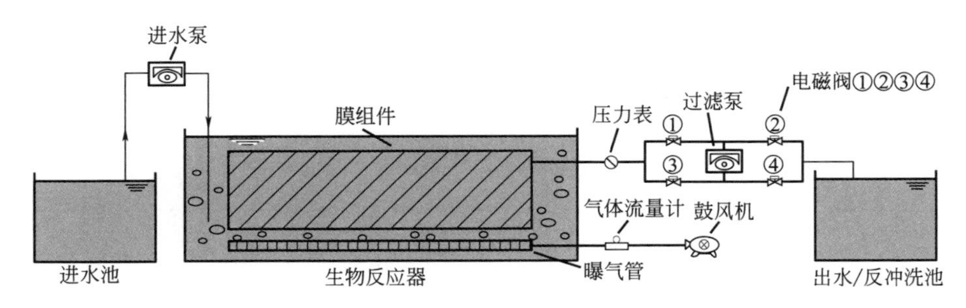

图 3-37　项目中试流程示意图

② 项目实施　试验取得成功后，东方作业公司在东方终端新建了一套 CMBR 工艺污水处理装置，该装置共投资 228 万元，占地面积约 190㎡，设计污水处理能力为 $10m^3/d$，设计进入系统的污水 COD 含量最大不超过 60000mg/L，处理后的污水 COD 含量小于 200mg/L，整个项目建设周期为半年，于 2014 年 8 月 19 号开始试运行。项目实施示意图如图 3-38 所示。

新装置包括 SBR 池（生物反应池）、中间调节池、CMBR 池和出水池；生产污水和稀释淡水一起进入 SBR 池混合并被稀释 5 倍，稀释后的污水和活性污泥中的微生物进行反应，通过反应，微生物消耗掉大量 COD，反应后的混合液进入中间调节池，中间调节池的液体再泵入 CMBR 池进行陶瓷膜过滤，经过陶瓷膜过滤后处理合格的污水进入出水池达标排放。新装置流程示意图如图 3-39 所示。

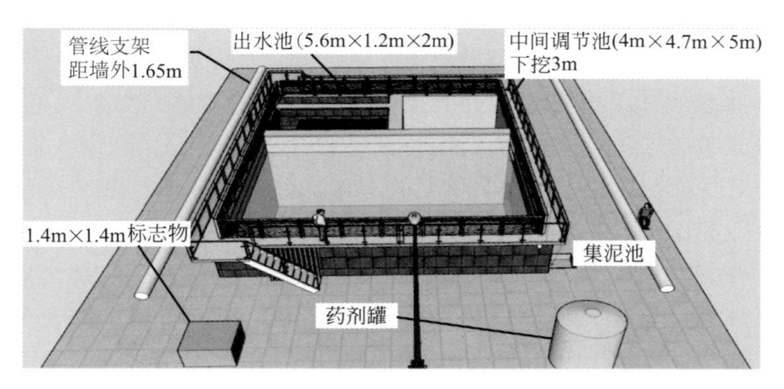

图 3-38 项目实施示意图

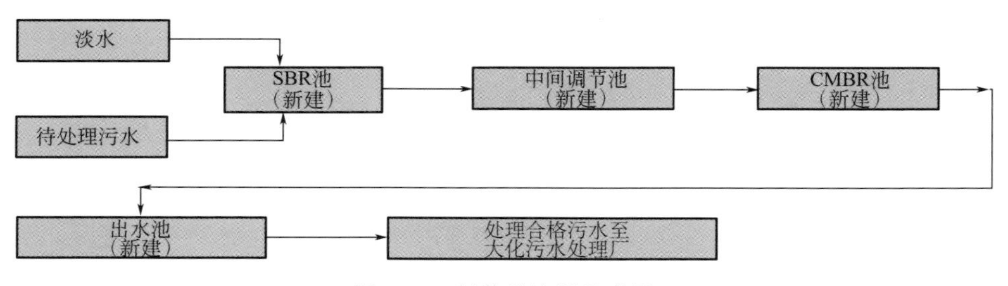

图 3-39 新装置流程示意图

SBR 池在本处理系统中是去除 COD 的主要设施，SBR 池长、宽、深分别为 10m、9m、5m，总容积 450m^3，实际最高水位为 4.6m，有效容积约 414m^3。根据设计，该装置最大的污水处理量为 10m^3/d，同时需要配给稀释污水的淡水量为 50m^3，即每天最大进水量为 60m^3；而 SBR 池的有效容积 414m^3，在达到最大处理量时污水在 SBR 池被活性污泥处理的时间约为 7 天左右。SBR 池每天需要进出水各一次，为确保污水有足够的反应时间，必须要保持进水量和出水量相等。同时为了确保活性污泥能够正常工作，必须保证持续向池中鼓风以满足好氧菌的氧气需求。

中间调节池主要是用作 SBR 池和 CMBR 池之间的调节，同时兼备活性污泥反应作用。中间调节池长、宽、深分别为 3.7m、4.7m、5m，总容积 87m^3，实际最高水位为 4.6m，有效容积约 80m^3。操作人员每天会将 SBR 池处理后的污水手动排入中间调节池，中间调节池中设有液位开关，当液位升高到启泵设点时，PLC 将会启动中间池的泵将污水打入 CMBR 池，液位降低到停泵设点时系统会自动停泵。由于中间池也具备生物处理功能，因此中间调节池内部也有曝气管线和活性污泥，运行时也需要不间断地往池中鼓风曝气。

CMBR 池主要作用是用来过滤掉污水中的 COD、油和固体杂质；该池长、宽、深分别为 5.15m、2.2m、4m，池中共含有 5 套膜组件，当池中液位高于

3.7m时，自吸泵自动启动进行过滤，过滤后的水进入出水池外排；长时间的过滤会使膜上吸附一些无法穿过膜的物质，导致经过膜的液体流量减小，因此在运行中膜需要不断进行反洗，PLC程序设定的反洗周期为每过滤9min反冲洗1min。被膜截留下来的COD存留于池内被活性污泥逐渐去除，由于进入CMBR池内的污水是经过SBR池处理和中间调节池延时处理后剩余的一部分难生物降解的COD，这部分COD在CMBR池内积累，可以驯化出不同于SBR池和中间池的活性污泥。

出水池主要是用来给陶瓷膜提供反洗水源，当膜需要反洗时，反洗泵将会从出水池泵送液体给膜进行反洗；该池长、宽、深分别为5.15m、1.2m、2m，池中设置有液位开关，当液位达到1.7m时，出水池潜水泵自动启动将水外排至大化污水处理系统，当液位低于0.6m，潜水泵自动停止。

此外，PLC控制系统主要用来控制中间调节池、CMBR池和出水池的液位以及膜的反洗；罗茨风机为SBR池、中间调节池和CMBR池提供曝气用的气源；各种泵为各池之间液体流动提供动力。

（4）项目效果分析

污水经过CMBR技术处理，取得了较好的效果，该装置每天最多可处理含油污水10m^3，处理后的污水悬浮物含量为1mg/L以下，油含量为1mg/L以下，COD含量为200mg/L以下，氨氮含量为50mg/L以下，通过反冲洗，膜通量能在较长时间内达到500L/(m^2·h)，达到预期的处理效果。

综上所述，CMBR处理技术完全适合处理高含油和COD的污水，对废水中石油类物质和COD去除效果明显，COD去除率大于95%；石油类物质去除率大于99%；CMBR处理技术对废水中固体杂质和氨氮的去除率分别可以达到99%和90%；CMBR处理技术是一种新型的污水处理技术，同时具备生物处理技术和膜分离技术的优势，比传统的单一处理模式有更好的处理效果，具有借鉴和推广的重大现实意义。

3.6.1.2 海上油田改性纤维球技术应用

（1）油田生产水处理系统简介

油田生产污水系统由撇油罐、水力旋流器、生产水深度处理、生产水回注系统等组成，生产污水处理系统流程示意图如图3-40所示。

（2）项目实施方案

① 改性纤维球技术简介　在一定的滤速下，悬浮物被过滤材料表面截留，而在较高的水流速度下，悬浮物又可以脱离过滤材料表面，从而达到反冲洗的效果，不会产生因悬浮物吸附饱和而堵死失效，其过滤精度可以达到5μm，可以满足大水量污水的高精度过滤要求。改性纤维球示意图如图3-41所示。

每个罐体为一个过滤单元，工作时汽缸将过滤材料压紧，需要过滤的水流入

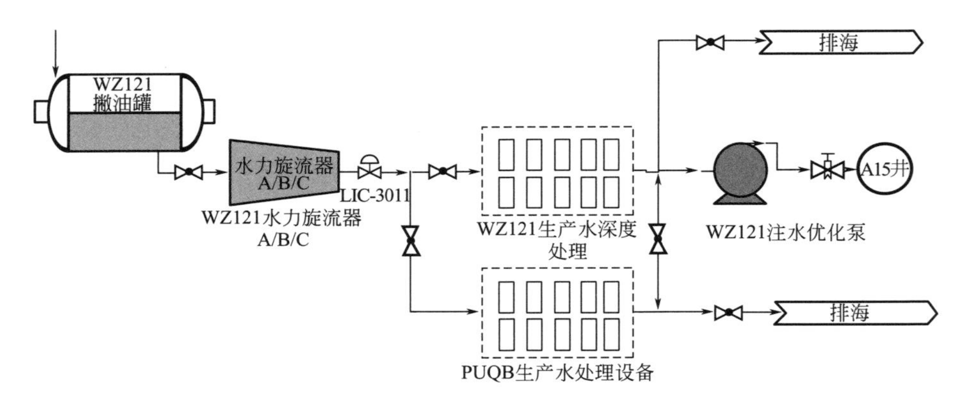

图 3-40　生产污水处理系统流程示意图

图 3-41　改性纤维球示意图

压紧的滤料，经过滤料过滤后，由集水器流出，完成过滤过程。当滤料截留物质增多时，水头损失加大，需要进行反冲洗，反冲洗时，汽缸将滤料松开，水从集水器流入，经过过滤单元由反冲洗出水口流出，进入平台闭排系统。改性纤维球工艺原理示意图如图 3-42 所示。

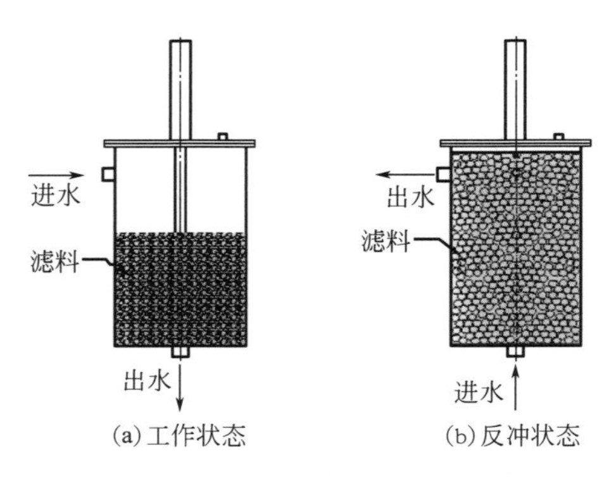

图 3-42　改性纤维球工艺原理示意图

② 改性纤维球技术应用　精细过滤系统总共包括 10 个单独的过滤罐体和一套 PLC 控制系统：日处理能力 9000m^3，进口压力 0.4～0.5MPa，出口压力 0.1～0.2MPa，温度为 40～80℃。

出水水质达到的标准：含油≤10mg/L；含悬浮物≤5mg/L；粒径中值≤10μm。改性纤维球现场示意图如图 3-43 所示。

图 3-43　改性纤维球现场示意图

在运行过程中，系统最少需要由三个过滤单元联合组成，才能实现过滤的全部功能。当进出水压差达到设定值时，压差开关给 PLC 一个信号，或者当程序计时器达到设定的时间间隔时，PLC 执行反冲洗程序，每个过滤单元按照顺序进行反冲洗，而剩余过滤单元继续运行，承担污水处理任务，并为反冲洗过滤单元提供干净的反冲洗水源。改性纤维球控制程序示意图如图 3-44 所示。

(3) 项目效果分析

生产污水排放从原来的 12×10^{-6}～19×10^{-6} 下降到稳定的 8×10^{-6}～10×10^{-6}，减少排放烃类物质 32L/d，约 11m^3/a。

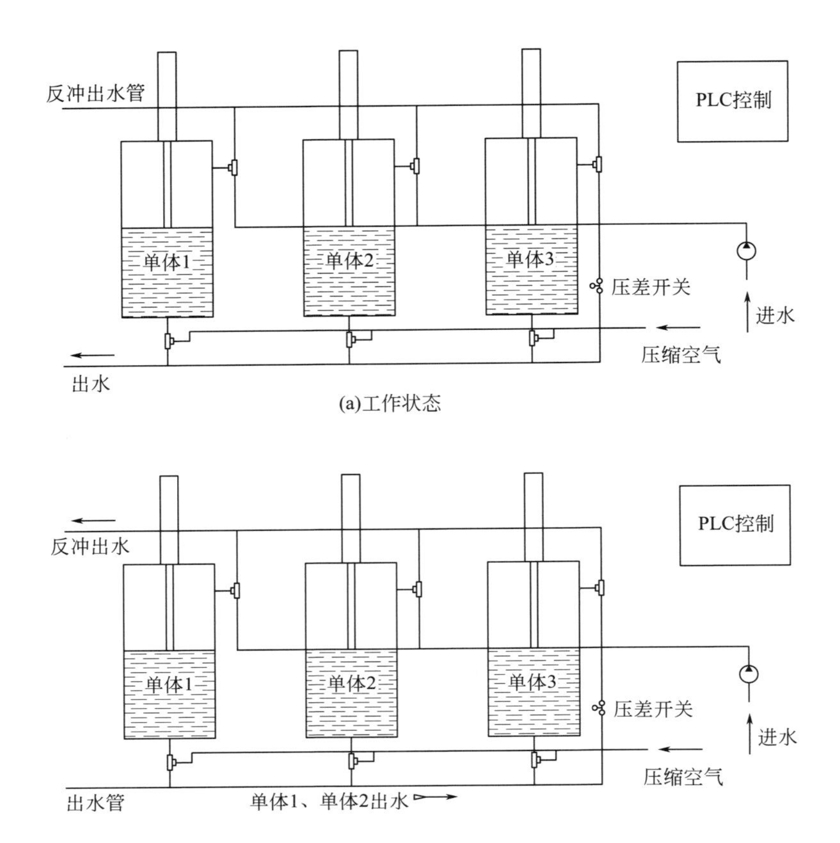

图 3-44　改性纤维球控制程序示意图

3.6.2　生活污水减排技术应用

3.6.2.1　海上油气田生活污水处理标准

海洋石油勘探开发污染物的排放要求/浓度限值，按污染物排放海域的不同分为三级：

① 一级　适用于渤海，北部湾，国家规定的其他海洋保护区域及距最近陆地 4n mile（海里，1n mile＝1852m，余同）以内的海域。

② 二级　除渤海、北部湾，国家规定的其他海洋保护区域外，距最近陆地大于 4n mile 且小于 12n mile 的海域；

③ 三级　除一级、二级海域外的其他区域。

生活污水中含大量污染物，如未经处理直排或处理不达标，将会对周围环境造成不良影响。固定式和移动平台及其他海上钻井设施排放的生活污水应满足 GB 4914—2008《海洋石油勘探开发污染物排放浓度限值》的相关规定，如表 3-24 所示。

表 3-24　生活污水的排放要求

项目	等级		
	一级	二级	三级
COD	≤300mg/L		≤500mg/L
粪便	经消毒和粉碎等处理		—

3.6.2.2　生活污水技术运用

（1）生物处理污水工艺

生物处理是指利用自然环境中的微生物体内的生物化学作用来分解废水中的有机物、植物性营养物质及部分无机物（如氰化物、硫化物），使之转化为稳定、无害物质，并通过生物絮凝作用去除胶体颗粒的一种水处理方法。按微生物的代谢形式，生化法可分为好氧、缺氧、厌氧三类；按微生物的生长方式，生物处理又可分为悬浮生长、固着生长、混合生长。目前平台常见的生活污水装置主要利用以下两种生物处理工艺。

① 传统活性污泥法和生物膜法结合　即生物接触氧化法（A/O 法），具有生物膜法的基本特点但又有所区别，基本原理就是以生物膜吸附污水中的有机物，在有氧的条件下，有机物由微生物氧化分解，使污水得到净化。在一级曝气室内以好氧菌为主的活性污泥菌团形成棉絮状带有黏性的絮体吸附有机物质，在充氧的条件下消解有机物质变成无害的二氧化碳和水，同时活性污泥得到繁殖，在作为菌团营养的有机污染物质减少时，细菌呈饥饿状态以致死亡，死亡的细胞就成为附着在活性污泥中的原生物和后生动物的食物被吞噬，粪便污水中95%以上是易消解的有机物质，完全被氧化。在二级接触氧化室内悬挂有软性生物膜填料，具有吸附消解有机物功能的生物膜在水中自由漂动，大部分原生动物寄居于纤维生物膜内，同样由于充氧的作用，有机物质进一步与生物膜接触氧化分解。污水在进入沉淀柜时其中的污泥量已很少，在沉淀柜内累积的活性污泥沉淀物再被返送至一级曝气柜内为菌种繁殖。如果停机一段时间再启动的话，由于生物膜中尚有细菌的孢子存活，因此比常规曝气法启动时间要快得多。经过沉清处理后的污水最后进入消毒柜用含氯药品杀菌，然后由排放泵排至舷外。污泥排放周期视污水性质和负荷而定，一般三个月左右排放一次。

② 序批式活性污泥法和生物膜法结合　即膜-生物反应器工艺（MBR 工艺），原理是利用膜分离设备将序批式生化反应池（利用序批式活性污泥法，即 SBR 工艺反应池）中的活性污泥和大分子截留，省去二次沉淀池，不仅使活性污泥浓度提升，水力停留时间和污泥停留时间可分别控制，还能让难降解的物质在生化池中不断反应、降解，从而强化生化反应池功能的一种处理工艺。

装置主要由本体、风机、循环泵、膜组件、抽吸泵、排放泵、加药泵电控箱、阀等组成。其中本体由隔板分割为序批式生化柜、污泥柜以及清水柜。在序批柜内对原污水进行生化处理，去除污水中绝大部分有机物；经过处理的污水通过膜组件由抽吸泵排出，进入清水柜，再经过紫外线杀菌后，达到各项排放标准，由排放泵排出。在序批柜中剩余的污泥进入污泥柜，定期排出。

（2）电解处理污水工艺

电解处理污水工艺即电化学法，指在预处理的基础上，采用电解海水的方法来使污水达标的一种电化学工艺，污水中的污染物在阳极被氧化，在阴极被还原，或者与电极反应产物作用，转化为无害成分被分离出去。利用电解法处理生活污水的具体流程如图 3-45 所示。

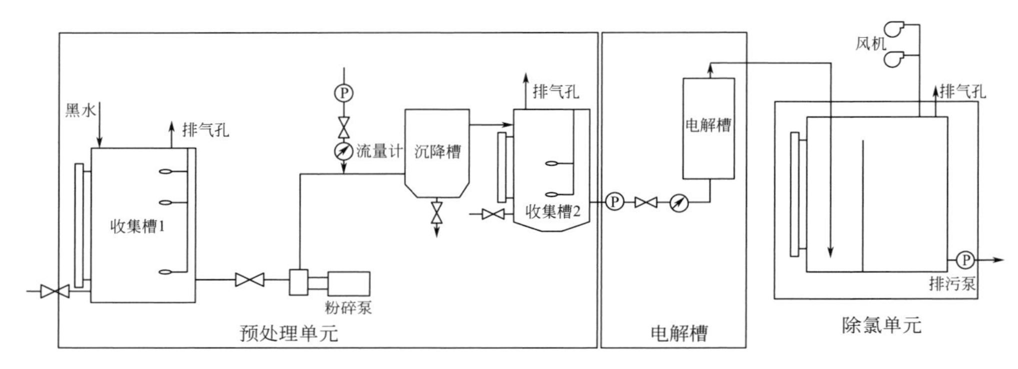

图 3-45　电解处理生活污水工艺流程示意图

让生活污水经沉降、粉碎、生化处理或絮凝等预处理后进入电解槽，污水中的海水在由阴极和阳极组成的多个电解室中，在直流电的作用下电解生成活性的次氯酸钠强氧化消毒剂，在副产物气体的搅拌作用下，可以充分地与污水中的细菌接触，从而迅速地、几乎彻底地将其全部消除；同时，污水中的有机化合物，在阴阳极间发生电化学氧化反应转变成二氧化碳和水。通过电解槽处理后的污水流入除氯单元，以消除污水中的余氯，随后利用排放泵将其吸出。污水处理罐顶部排气口放置一台空气稀释器（排氢防爆风机），抽出产生的氢气，排至安全区。

电解生活污水处理系统的预处理过程因供应商而异，但核心部件都是一个电解反应器，通过其中的铁、铝或其他金属材料制成的阳极产生的系列反应达到去除污染物的目的。在整个电解过程中，最主要的反应是生成次氯酸钠，并产生活性金属化合物，通过螯合与吸附作用，将悬浮物转化为大分子絮状物，最后进行沉降和过滤，去除水中的污染物；电解过程的进一步强化可以通过电极表面产生的活性氧分子和氢分子来实现，吸收悬浮物的同时对它们进行氧化、消毒和去臭。由于采用了金属氧化技术，使得设备小，效率高，成本低。与传统的液氯、漂白粉等消毒工艺相比，现场制取的次氯酸钠活性高，随制随用，处理效果好，操作安全可靠，不会发生逸氯或爆炸。当然，电解处理工艺也有一定的缺点，如初期投资较大；部分供应商产品的耗电量大；电解槽的电极为损耗品，更换成本较高等。

3.7 控水减排技术应用

3.7.1 气井机械堵水工艺技术

气井机械堵水工艺技术主要包含三部分技术：管内机械堵水技术、更换小尺寸生产管柱技术和气举阀辅助排水技术。这三项技术主要是达到控水稳水的目的，延长气井生产时间，提高气井总体采收率，其基本原理为：

① 管内机械堵水技术　通过电缆、连续油管或钻杆传输的方式，在管柱内下入堵水桥塞封堵下部出水层位，然后再在堵水桥塞上部倒上5～10m井筒长度的水泥进一步封固桥塞，从而达到分隔水层与产层的目的，从源头上控制大量水体进入生产管柱。

② 更换小尺寸生产管柱技术　通过气井生产动态和气液比等数据优化最佳生产管柱，将原井大尺寸的生产管柱更换成小尺寸生产管柱，小尺寸生产管柱临界携液流量较小，从而延长气井生产周期，提高总体采收率。

③ 气举阀辅助排水技术　通过计算，在生产管柱一定深度分布一定数量的气举阀，在气井生产后期，产能下降和产液量上升将严重影响气井正常生产，此时，可从环空注入天然气，通过气举阀通道进入生产管柱内，从而提高管柱的携液能力，延长气井寿命。

气井机械堵水工艺技术，基本实施步骤为：压井，拆装井口；采用电缆/连续油管/钻杆在管内下入机械堵水桥塞及倒水泥；起出原井生产管柱，更换带气举阀的小尺寸生产管柱；诱喷复活，投产生产；在生产后期，随着携液能力变差，从环空注入天然气，使用气举阀辅助排水采气。气井机械堵水工艺流程示意图如图3-46所示。

3.7.2 化学与机械联合堵水技术

化学与机械联合堵水技术通过下入带有封隔器的堵水管柱，在筛管内封隔上部未水淹层，在油套环空注入暂堵剂，在筛管外保护未水淹层，然后从油管向地层注入堵剂，在地层形成化学隔板，起到化学堵水作用，施工后堵水管柱脱手留在井下，起到机械堵水的作用。化学与机械联合堵水技术由环空暂堵技术、筛管内小尺寸长井段封隔技术、选择性化学堵剂技术三部分组成。

（1）环空暂堵技术

由于需暂堵井段在油层上部，位于封隔器以上，所以暂堵剂由套管注入。封堵段位于分隔器下部，所以其他堵剂由油管注入。设计中，在注入其他堵剂过程

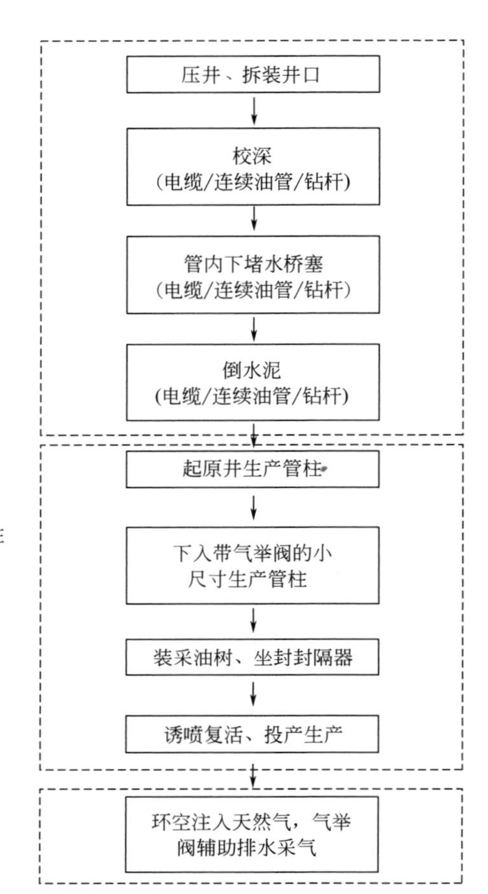

图 3-46　气井机械堵水工艺流程示意图

中，在环空中补以适量液体，保持油管和环空压力平衡，进一步防止其他堵剂进入上部暂堵段。

（2）筛管内小尺寸长井段封隔技术

为了使堵水管柱能够按要求注入堵剂，并且堵后能起到机械卡水作用，堵水管柱的设计需满足如下要求：①可以安全地下入；②满足通井、洗井、打压座封、验封、剪切球座、钢丝作业、脱手等工序；③可以顺利脱手；④必要时方便打捞作业。堵水管柱中关键工具包括裸眼封隔器和油管锚。裸眼封隔器：由于涠洲 11-4 油田 A15 井砾石充填筛管内径为 76mm，很难找到如此小的 3in 裸眼封隔器，根据需要，研制出长胶皮（1.2m）封隔器，其钢体外径为 70mm，通径为 12mm，该封隔器各项指标完全满足施工要求。油管锚：由于裸眼封隔器不带卡瓦，为了避免在注隔板液时由于封隔器上下压差可能造成移位，使卡封位置和注入剖面受到影响，起不到定点打隔板的作用，同时考虑到堵水完成后裸眼封隔器上部连着一段管柱也将长期留在井底，长时间后橡胶将无法承担上部管柱的重量，会导致分隔器失效而下移，从而起不到封隔器卡水作用，因此在设计时考虑在管柱上部加一个油管锚，通过其卡瓦的强力支撑和定位作用，不仅减轻裸眼封隔器胶皮的疲劳程度，还能有利于使堵剂进入预定位置。

（3）选择性化学堵剂技术

在A15井堵水过程中，设计应用了五种工作液，分别为暂堵液、前置液、隔板液、顶替液和增孔液。暂堵液：暂堵液作用为暂时封堵上部好油层，防止在注入隔板液过程中污染上部好油层。经过实验研究，选用了聚合物冻胶暂堵液。其主要性能特点：①流动性好，易于进入上部高渗透好油层；②成冻时间短，能快速暂堵高渗透好油层；③强度高，能有效保护好油层不被污染；④能自动破胶，堵水后能尽快恢复暂堵段产能。前置液：前置液作用为对地层进行预处理，减少地层表面残余油对注入隔板液的影响。隔板液：隔板液作用为在冻胶成冻后形成控制底水锥进的隔板，起到化学堵水的作用。性能特点：①流动性好，黏度小于50mPa·s，能够满足注入要求；②具有不同的成冻时间，能够按施工要求注入不同位置，形成一个连续的环状封堵；③强度高，并成阶梯状分布，隔板液强度由远至近逐渐加大，能够阻止底水的锥进，不会在油井的正常生产中被采出。④稳定性好，可以较长时间保证封堵效果。顶替液：顶替液的作用为将油管或环空中的隔板液顶替到地层中。增孔液：增孔液的作用为改变未封堵储层的润湿相，提高油相渗透率。

化学与机械联合堵水主要施工程序为：压井、拆采油树、安装BOP及起原井生产管柱；刮管、洗井；下堵水管柱、坐封封隔器、油管锚及剪切球座；从环空注暂堵剂；从油管注前置液、各类隔板液、顶替液及增孔液；堵水管柱脱手、下常规电泵生产管柱。化学与机械联合堵水工艺流程示意图如图3-47所示。

3.7.3 管外分段管内分采控水工艺

管外分段管内分采控水工艺技术是借助油管（连续油管）和跨式封隔器，在筛管与井壁地层之间的环空放置可形成化学封隔层的可固化液，形成不渗透的高强度封堵物，完全隔离此环空区域，配合下入分采生产管柱，达到封隔层内产出水和分段生产目的。管外分段管内分采控水工艺技术分四块：找水技术、环空封隔剂的开发技术、堵剂置入验封技术、水平井分采生产工艺技术。

（1）找水技术

找水技术一直是世界性的控水难题，特别是水平井的出水层段确定。在实验井井斜大、井下管柱结构与流态复杂等诸多难题挑战下，使用MaxTRAC爬行器＋FSI微转子流量计组合进行水平井找水作业。MaxTRAC井下牵引系统是一种往复式卡紧井下爬行器，在地面动力一定的情况下，这种高效爬行器可以提供更多的动力来提高运移速度或负荷。Flow Scanner可以应用在水平井/斜井多相

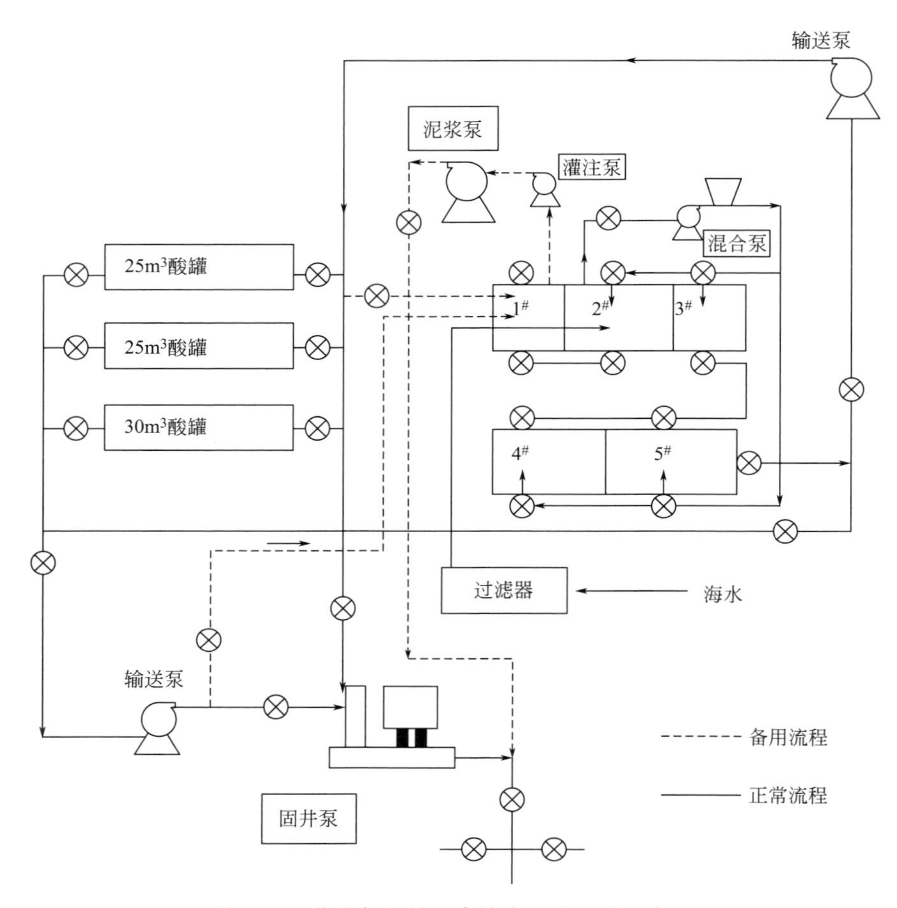

图 3-47　化学与机械联合堵水工艺流程示意图

流动剖面测量，在多相流井中识别液体和气流入点，或气井中识别流体，探测流体循环流，独立、实时的三相流解释等方面。

(2) 环空封隔剂的开发技术

该技术是一个复杂漫长的研究过程，因为应用于水平井的环空封隔剂除了遵循常规堵剂所具有的基本原则（如安全性等）外，还必须同时具备适宜于工艺需要的其他特殊性质，主要是优异的触变性、高的持压能力以及强度。触变性是指在外切力的作用下体系的黏度随时间下降，静止后又恢复。环空封隔剂所形成的段塞必须具有一定的承压能力及强度，从而保证对出水（气）层的有效封隔，以及堵剂（如凝胶）在向地层指定部位挤入时，不会在挤入压力作用下发生封隔段塞在环空内的上下滑移，造成堵剂进入产层。

(3) 堵剂置入验封技术

该技术是水平井控水成功的关键，为了放置到位，所使用的封隔剂（如水泥基浆料等）在通过连续油管泵送、经过双重跨式封隔器及通过套管小槽流出时应具有足够低的黏度，一旦在环空停滞，必须在数秒内产生高凝胶化强度，防止由于重力作用出现“坍落”现象。

（4）水平井分采生产工艺技术

主要通过优化控制水管柱来实现，为了更加有效控制油井含水率和后期生产油水界面变化带来的影响，方便后续措施操作，设计将产层分为 3 段，实现分段封隔控水、分段生产，设计控制两段分采或者合采的控水管柱。

管外分段管内分采控水工艺主要施工程序为：压井、拆采油树、安装 BOP 及起原井生产管柱；配置化学封隔材料、室内成胶实验；刮管、洗井、下挤注管柱、挤注化学封隔材料、候凝；上提管柱、反循环洗井、挤注化学封隔材料、候凝；上提管柱、反循环洗井、起出挤注管柱；下入验封管柱、验封；起出验封管柱、下入控水生产管柱；下入电泵生产管柱、拆防喷器、装采油树、坐封、验封、电泵试运行、投产。管外分段管内分采控水工艺流程示意图如图 3-48 所示。

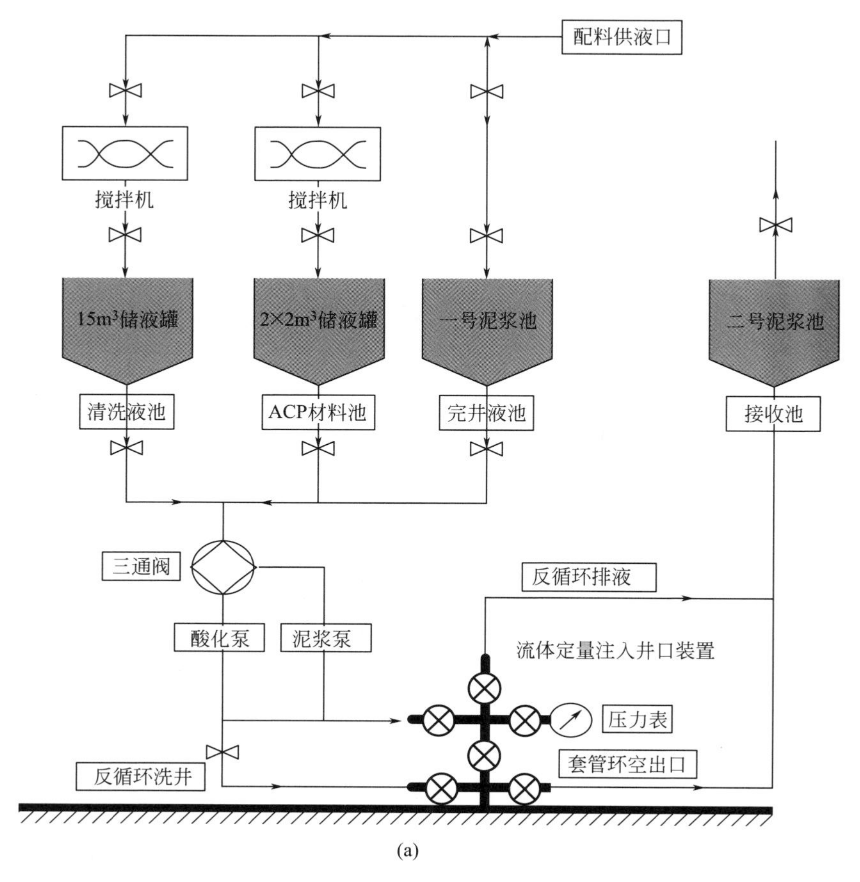

(a)

图 3-48

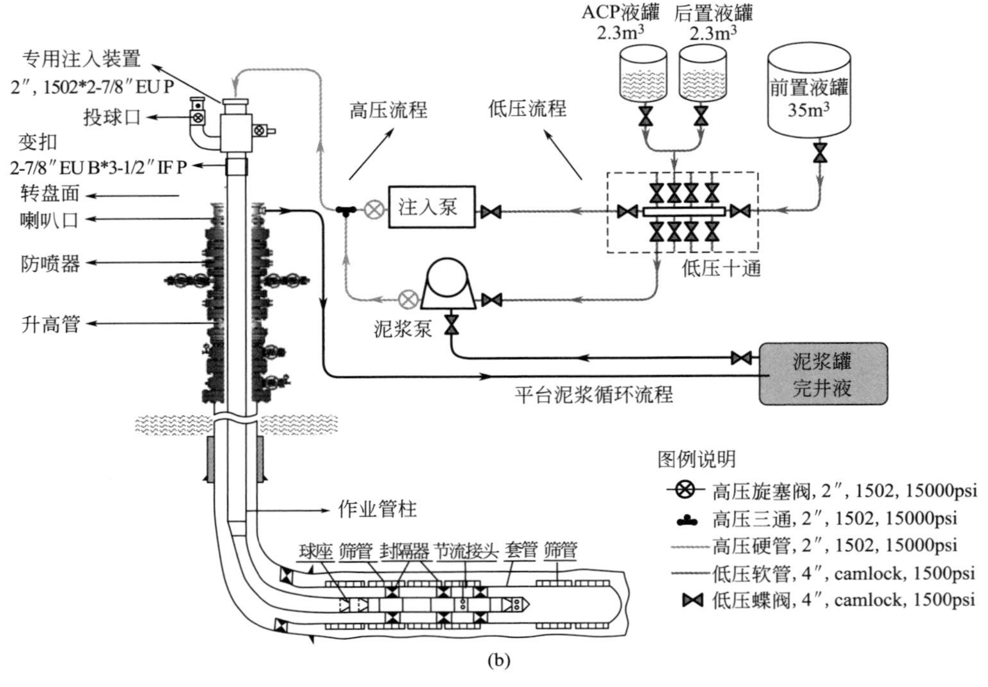

(b)

图 3-48 管外分段管内分采控水工艺流程示意图

3.7.4 典型实例及成效

3.7.4.1 气井机械堵水工艺典型实例

气井机械堵水工艺技术在崖城 13-1 气田得到了较广泛的应用（见表 3-25），该气田修井时属于高温（地层温度 175℃）、低压（地层压力系数 0.2～0.3）、深井（井深 4500～7500m）、生产管柱尺寸大（7in），目前该气田已成功实施了 A3、A7 井电缆管内堵水及倒水泥作业，A13、A14 井钻杆管内堵水及更换小管柱作业，并取得了良好的经济效果。A13 井投入费用 1026 万元，实施机械堵水后该井复活，截至 2013 年 2 月累计产出天然气 8130 万立方米，产水 2123m^3；天然气按 1.5 元/m^3 计算，污水处理费用按 1.8 元/t 计算，则产出 12195 万元，效益 11168.6 万元。崖城 13-1 气田气井机械堵水工艺技术应用如表 3-25 所示。

表 3-25 崖城 13-1 气田气井机械堵水工艺技术应用

井号	气井机械堵水工艺措施	修井效果
A3 井	电缆下 2.125in MPBT 极限桥塞＋倒水泥；堵水深度：4245.62m	堵水后地层水氯根含量从 6000mg/L 下降至 100mg/L，日产气为 $30.3\times10^4m^3$
A7 井	电缆下 4in 极限桥塞＋倒水泥；堵水深度：5291.6m	堵水后液面从 311m 下降至 2666m，日产气为 $36\times10^4m^3$

续表

井号	气井机械堵水工艺措施	修井效果
A13 井	钻杆校深＋下 4in 极限桥塞＋倒水泥； 更换 4-1/2in 带气举阀生产管柱； 堵水深度：6228.37m	堵水后产水量从堵水前的 $120m^3/d$ 下降至目前的 $48m^3/d$，日产气为 $30\times10^4m^3$
A14 井	钻杆校深＋下 4in 极限桥塞＋倒水泥； 更换 4-1/2in 带气举阀生产管柱； 堵水深度：7178m	堵水后产水量下降，日产气为 $10\times10^4m^3$

3.7.4.2 化学与机械联合堵水工艺典型实例

化学与机械联合堵水工艺成功应用于涠洲 11-4 油田 A15 井，增油降水效果显著，含水率由措施前的 92%下降到 66%，实施后累计增油 $1233m^3$，累计减少污水处理量约 $9\times10^4m^3$。该井投入费用 229.5 万元，增油按 3100 元/t 计算，污水处理费用按 1.8 元/t 计算，则产出 356.0 万元，效益 126.5 万元。涠洲 11-4 油田 A15 井实施前后生产曲线如图 3-49 所示。

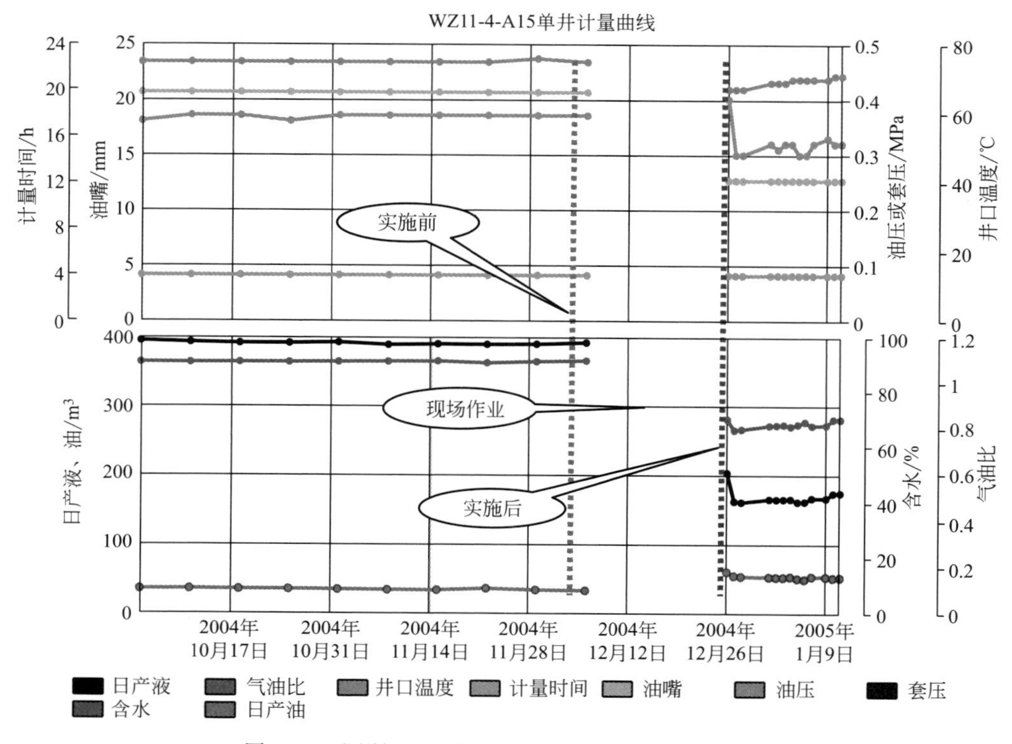

图 3-49 涠洲 11-4 油田 A15 井实施前后生产曲线

3.7.4.3 管外分段管内分采控水工艺典型实例

管外分段管内分采控水工艺在文昌 8-3 油田 A2h 井取得显著效果，措施后试验井含水由 74.1%降到 3.4%，产油量由 $70m^3/d$ 增加到 $170m^3/d$，达到了控水增油的效果（见图 3-50），提高了油井采收率，同时也减少了污水处理和排放，做到了节能减排。截至 2012 年底，A2h 井累计增油 1.19×10^4t（$1.47\times10^4m^3$），累计减少污水处理量约 $1.46\times10^4m^3$。该井投入费用 505 万元，增油按 3100 元/t 计算，污水处理费用按 1.8 元/t 计算，则产出 3692 万元，效益 3187 万元。文昌 8-3 油田 A2h 井生产曲线如图 3-50 所示。

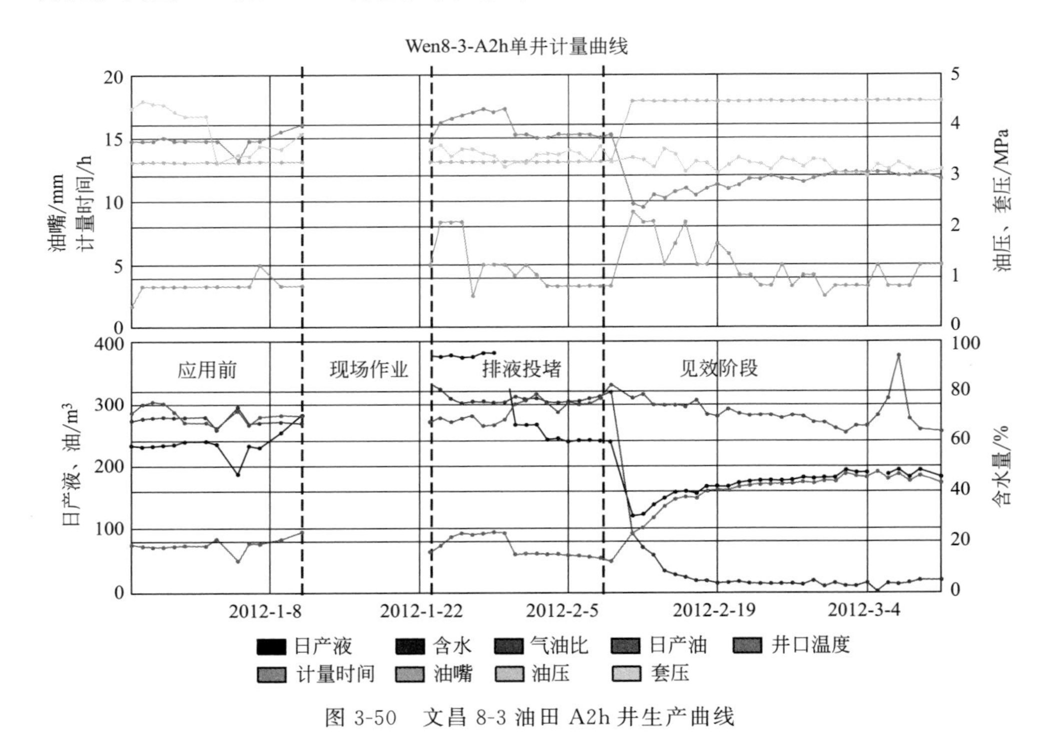

图 3-50 文昌 8-3 油田 A2h 井生产曲线

04

第4章 海上油气田综合节能良好作业实践

4.1 海上油气田管理节能

4.1.1 东方终端优化工艺参数，减少热媒炉启用台数

4.1.1.1 项目背景

东方终端主要处理来自东方 1-1、乐东 22-1 和乐东 15-1 平台的天然气和凝析油，上岸天然气经过脱烃、脱碳及脱水后，经压缩计量外输下游用户。凝析油设计处理能力共计 $172m^3/d$，实际处理量共计约 $45m^3/d$。凝析油经换热、闪蒸、稳定处理合格后进入三个 $400m^3$ 凝析油储罐，并定期外运。凝析油处理工艺流程图如图 4-1 所示。

终端在设计之初就建有两套凝析油处理装置（东方和乐东），均采用燃气热媒炉对凝析油进行加热以脱除不稳定轻烃，降低饱和蒸气压。正常生产时，乐东平台产凝析油进乐东凝析油处理装置，东方平台产凝析油进东方凝析油处理装置，为保证外输凝析油质量合格，需保持凝析油稳定塔温度恒定，这要求两套凝析油处理装置的热媒炉一直处于运行状态。但随着生产年限的增加，凝析油处理量减少，处理时间不连续，热媒炉在很长时间内处于空转状态，造成能源的极大浪费。为此终端根据实际生产情况及现场工艺流程，通过简单的流程改造、工艺参数优化和生产管理制度改进，在保证凝析油正常处理的同时，停运东方凝析油处理装置热媒炉，只运行乐东凝析油处理装置热媒炉，以实现减少自耗气用量、节省用电量，达到节能降耗的目的。

4.1.1.2 管理节能内容

（1）工艺参数优化

终端外输凝析油要求含水≤0.5%，饱和蒸气压≤70kPa，由于稳后凝析油密度较小（相对密度 0.7 左右），按照设计参数，凝析油稳定塔控制温度为 153℃，

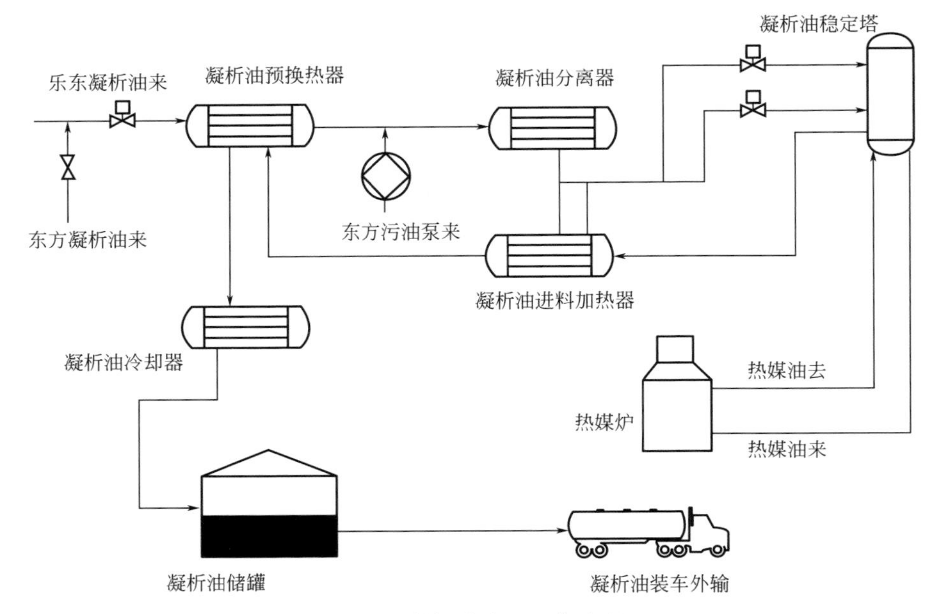

图 4-1　凝析油处理工艺流程

压力为 0.4MPa，凝析油分离器压力为 0.7MPa。终端通过多次实践，调整控制参数，把凝析油稳定塔温度控制为 135℃，压力控制为 0.3MPa，凝析油分离器压力控制为 0.55MPa，经化验外输，油品质量合格。通过这一调整，降低了热媒炉的热负荷，减少了燃料气消耗。

（2）工作制度改进

凝析油主要来源为上岸段塞流捕集器，在实际生产操作过程中，每个班次可集中处理凝析油 1～4 次，每次处理约 10t，耗时约 4h。基于这一实际情况，在两套凝析油处理装置连通后，终端改进工作制度错开两套装置处理时间，以实现减少热媒炉空转的目的。

4.1.1.3　节能效果分析

停运东方终端一套热媒炉系统后，根据生产日报统计，每天平均可以减少燃气量约 750m^3，一年可以节省 750×360＝270000（m^3），经济效益约 30 万元。因热媒炉风机停运减少的用电量为 1.75×24×360＝15120（kW·h），停运行热媒循环泵可减少用电量 11×24×360＝95040（kW·h），二者合计年节电 110160kW·h，年节省电费约 0.90×110160＝9.91（万元）。根据 $1\times10^4m^3$ 天然气折算为 11tce（tce，吨标准煤当量）计算，那么该项目年节省天然气可折算标准煤为 27×11＝297（tce）；根据 1×10^4kW·h 电折算为 1.229tce 计算，那么该项目年节电可折算标准煤：11.0160×1.229＝13.54（tce）；则该项目合计年节能量为 310tce。

4.1.2 东方终端优化工艺参数，减少干气压缩机启动

4.1.2.1 项目背景

（1）项目概述

东方终端总共有三台 Solar 公司生产的 C40 型透平压缩机组，采用“两用一备”的运行方式，以确保对下游用户的供气稳定。通过压缩机的增压功能，将经过脱碳后的天然气压力由 2.8MPa 增压至 5.0MPa，输送至下游管输公司。

终端初期外输天然气量保持在 $13\times10^4m^3/h$ 左右，两台透平压缩机的 NGP 分别为 93.6%和 92.2%，NPT 分别为 77.3%和 82.3%，烟气温度分别为 555℃和 580℃，平均燃料气总耗量达 $63100m^3/d$。

（2）存在问题

当外输管输公司的气量不足 $10\times10^4m^3/h$ 时，单台压缩机的设计处理能力为 $10\times10^4m^3/h$。在此工况下启用两台压缩机之后 NGP 分别为 86%和 86%，NPT 分别为 70%和 65%，两台机组均保持低负荷运行状态，未能达到压缩机的最佳运行工况，致使压缩机的效率降低，自耗气量增大，并且增加了机组的保养频率。

4.1.2.2 管理节能内容

2014 年初，东方终端响应总公司节能减排号召，针对管输用气减少到不足 $10\times10^4m^3/h$ 的情况，将透平压缩机由原来“两用一备”的运行方式更改为“一用两备”。此后压缩机的 NGP 提高至 95.7%，NPT 提高至 90.2%，烟气温度为 590℃，燃料气用量减少为平均 $42457m^3/d$。

4.1.2.3 节能效果分析

东方终端改变压缩机运行方式以来，单台透平压缩机运行状况良好，系统压力和外输气量稳定。将透平压缩机由原来“两用一备”的运行方式更改为“一用两备”后，每年能节省燃料气 $(63100-42457)\times365\approx753.5\times10^4(m^3)$，按照向管输公司销售天然气价格计算，由此每年带来的经济效益近 700 万元。

4.1.2.4 结论

东方终端通过改变透平压缩机的工作方式，根据生产实际情况将透平压缩机由原来“两用一备”的运行方式更改为“一用两备”，每年能减少自耗气 $753.5\times10^4m^3$，节能减排效果明显。

4.1.3 其他管理节能措施

4.1.3.1 解决电动消防泵长期运行耗柴油问题

文昌 13-6A 平台钻完井期间使用临时机带载，海水系统需要持续向钻井模块供水，平时只启两台海水提升泵就能满足供水要求，但是由于钻井模块海水用户多，彼此之间又欠缺有效沟通，造成某个用户过度使用海水而导致其他用户海水不够用；因此在优先保证钻完井作业的前提下，平台不得不长时间运行大功率的消防泵为其提供海水，造成临时机长期高负荷运转，排烟情况不佳，柴油成本也相应增加。平台人员通过对钻井模块海水管线和用户的实地勘察和分析，明确了通过用户之间的有效沟通和协调，各自错开用水高峰期，完全可以在不启消防泵的前提下，使用两台海水提升泵满足钻井供水要求；最终通过与钻完井方面的协调，制定完善的相互间有效的沟通机制，有效降低了电动消防泵的运行时间，排烟情况大为改善，每月节约柴油 7.8m^3。

4.1.3.2 人员转运卡和转运环保袋减少能源消耗

文昌油田群针对油田群点多面广的情况制作人员转运卡片，卡片上明确标示转运人员所去装置，在人员上装置时甲板人员进行检查，避免人员转运错误影响工作，同时也避免了人员再次转运带来的能源消耗。

油田现场小件货物或行李转运时，使用塑料袋打包，不仅浪费且不环保。本着环保至上的原则，精心设计了可重复利用的环保袋代替原塑料袋，不仅便于携带，且防水耐磨，再转运过程中辨识度高，不易遗漏，在低碳环保的基础上，提高了工作效率，真正做到环保高效。人员转运卡和转运环保袋示意图如图 4-2 所示。

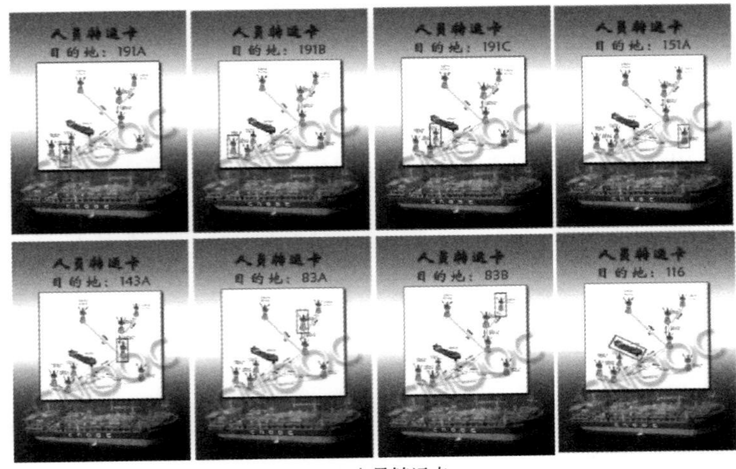

(a) 人员转运卡

(b) 环保袋

图 4-2　人员转运卡和转运环保袋示意图

4.2　海上油气田工艺改造实现节能减排

4.2.1　东方终端脱碳系统改造和优化

4.2.1.1　背景与目的

东方终端作为东方 1-1 气田和乐东气田的陆岸终端，通过对来自东方 1-1 气田、乐东 22-1 气田和乐东 15-1 气田的天然气进行工艺处理，输送合格的天然气给化学公司、管输公司等下游用户。为了满足下游用户对高烃天然气的要求，东方终端一共采用三套脱碳系统进行天然气的脱碳处理。三套脱碳系统均采用活化 MDEA 的溶剂吸收法脱碳，为了保证系统的处理能力，需要提供高的溶液循环量和大量的蒸汽进行溶液再生。因此，脱碳系统也成为东方终端的主要用能单位。东方终端脱碳装置主要设备功率统计如表 4-1 所示。

表 4-1　东方终端脱碳装置主要设备功率统计

名称	东方一期		东方二期		乐东脱碳	
	数量/台	功率/(kW/h)	数量/台	功率/(kW/h)	数量/台	功率/(kW/h)
半贫液泵	3	1000	3	1600	2	460
贫液泵	2	280	2	450	2	220

续表

名称	东方一期		东方二期		乐东脱碳	
	数量/台	功率/(kW/h)	数量/台	功率/(kW/h)	数量/台	功率/(kW/h)
溶液泵	2	37	2	55	2	18.5
回流泵	2	11	2	11	2	5.5
贫液增压泵	1	22	1	30		
总计	10	1350	10	2146	8	704

通过计算可以得知，当三套脱碳装置的设备均在额定状态下使用的时候耗电量分别为：3.24 万度/d、5.15 万度/d 和 1.68 万度/d。为应对油价的持续低位、积极响应公司降本增效的方针政策，东方终端本着“大胆猜想，小心求证”的原则，积极开展影响脱碳系统稳定运行的主要参数的分析、旁滤流程优化改造、制定脱碳系统应急预案、现场组织乐东脱碳系统能力提升的可行性分析等工作，最终提出了将三套系统同时运行改为两用一备的建议，以大幅度降低终端的能耗总量，减少设备的使用时间，延长关键设备的使用寿命并且为脱碳系统设备的在线检修提供了条件，保证终端生产的安全稳定。

4.2.1.2 思路与做法

东方终端每天处理海上天然气总量约为 1300 万立方米，为满足下游用户对组分的要求，每天脱碳系统的处理量为 17 万立方米。东方终端三套脱碳系统设计处理能力如表 4-2 所示。

表 4-2 东方终端三套脱碳系统设计处理能力

装置名称	设计处理能力
东方一期	10 万立方米/h,处理 CO_2 含量 20%的天然气,8 亿立方米/a
东方二期	10 万立方米/h,处理 CO_2 含量 30%的天然气,8 亿立方米/a
乐东	5 万立方米/h,处理 CO_2 含量 16.5%～19.2%,4 亿立方米/a

结合三套脱碳装置的设计能力可以看出，当停止东方一期脱碳系统或者乐东脱碳系统的时候基本能满足天然气处理的要求。然而减少一套脱碳系统运行后，另外两套系统基本处于满负荷的运行状态，高速流动的气体容易导致溶液损失、溶液发泡等一系列的安全问题，并且脱碳系统的调节能力受到限制，当上下游发生组分波动的时候终端的调节能力减弱，严重时可能会导致下游用户的大面积停产，引发生产事故。

因此需要对目前影响脱碳系统安全运行的主要因素进行仔细分析，并且制定相应的应急预案，保证系统的安全运行。在系统安全运行的前提条件下，再通过现场试验和理论分析明确处理量相对较小的乐东脱碳系统的最大处理能力以及限制系统能力提升的主要因素，最终明确实际的操作范围。

（1）乐东脱碳系统能力提升可行性分析

为明确乐东脱碳系统现阶段的实际处理能力，明确系统脱碳能力提升的主要限制因素、提升系统脱碳能力的措施手段以及在进行脱碳能力提升后系统运行所面对的风险点，东方终端特组织力量开展了一系列的测试工作，最终得出准确的数据和结论。

① 乐东脱碳系统最大处理能力的测试　由于脱碳系统的实际处理能力受到溶液浓度、溶液的性质、实际操作工况等多方面的影响。通过提高上岸压力、降低压缩机进口管汇压力等手段，逐渐提高脱碳系统的压差，从而提高系统的处理量，再通过对溶液取样分析、净化气取样分析，了解在不同处理量的情况下系统的脱碳能力以及系统中各个关键参数的变化情况，取得乐东脱碳能力的具体参数。

实验表明，当原料气的进气量达到 5.1 万立方米/h 的时候，乐东脱碳系统的处理能力已经达到上限，即脱除的二氧化碳的总量保持不变，随着原料气的进气量增大，净化气中的二氧化碳含量也随之而提高。5.1 万立方米/h 的实际处理能力与原设计基本一致。

② 系统过流能力的分析　乐东脱碳系统的管线尺寸为 8in，当脱碳系统的处理量超过设计量后不仅仅会导致天然气流速增加，引发净化气中二氧化碳的浓度升高、液泛等问题，还会影响上游的脱烃系统和下游的脱水系统的正常运行，严重的时候还可能会引起系统超压，导致事故的发生。通过将整个系统模拟成为长输管线，在不同系统处理量下对各个重要节点的压力进行计算，得出了不进行工艺改造的前提下对系统的极限过流量。最终得出结论：乐东脱碳系统的能力还受系统的过流能力的影响，如果按照吸收塔进口压力为 3.40MPa 计算，脱碳系统的最大处理量约为 5.8 万立方米/h。

③ 系统脱碳能力影响因素的分析　MDEA 脱碳系统的处理能力受到溶液的温度、二氧化碳分压、MDEA 浓度、活化剂浓度、贫液再生效果等因素的影响。通过查阅资料确定每项关键参数的最优范围并与实际工况进行对比，通过东方二期脱碳溶液浓度提升以及改变原料气具体分析 MDEA 溶液浓度和二氧化碳分压对系统处理能力的影响，最终得出结论：通过提高溶液浓度和二氧化碳分压对系统的处理能力能提升 5%以上。

④ 填料类型对脱碳效果的影响理论分析　吸收塔中的填料作为气液两相进行热和质交换的场所，为气液两相间热、质传递提供了有效的相界面，其性能的优劣是决定填料塔操作性能的主要因素。通过查阅资料和计算最终得出结论：明确规整填料的效率比散堆填料高约 20%以上。

（2）脱碳系统精细化管理

将三套并行运行的脱碳系统改为两用一备，必须要保证系统的安全稳定运行。2014 年乐东脱碳系统发生了严重的发泡事件，为所有生产人员敲响了警钟。

终端生产人员以本次事件为契机，通过对事件产生的原因深入分析，并对在发泡处理过程中采取的各种应急处理措施进行分析和总结，最终制定了东方终端脱碳系统应急指南，作为现场实际操作以及应急处理的指导程序。

① 详细的事件记录和深入的分析总结　《东方终端脱碳系统应急指南》中对于乐东脱碳系统整个发泡处理过程进行了分段描述，详细记录了整个事件的经过，并对处理过程中采用的处理措施进行了详细的分析，对每个处理措施的效果进行总结和分析，对以后的现场实际操作和应急处理的具有指导意义。

② 规范日常操作　对溶液的添加、缓蚀剂的添加、系统投用等常规操作进行了详细地明确，保证系统平稳运行。

③ 完善工作制度　制定了日常化验工作的内容和周期以及系统关键参数的检测等工作制度。

④ 提出设备精细化管理　对于严重影响脱碳系统的关键系统和设备提出了精细化管理内容。

⑤ 工艺流程和操作参数的优化　对系统溶液进行的工艺流程提出了改造意见，对系统重要的操作参数进行了明确，对以后的平常操作提供了指导意见。

（3）旁滤流程改造与优化

MDEA 脱碳系统是一个非常复杂的工艺系统，系统的平稳运行受到原料气携带的少量缓蚀剂、泡排剂等表面活性剂、重烃、MDEA 溶液的氧化降解产物以及系统的腐蚀产物等多方面因素的影响。因此，溶液的净化工作是系统安全稳定运行的重要保障。东方终端三套脱碳系统均设计有一套旁滤流程长期运行，来达到去除系统中的固体颗粒和含油，设备主要包括颗粒过滤器、活性炭过滤器和袋式过滤器，但由于多方面的原因导致东方终端实际使用情况存在许多问题，使其没有达到预期设计的目的。为保证系统的安全平稳运行，东方终端生产人员在终端领导的组织下，通过多次头脑风暴讨论、咨询厂家专业人员以及参观学习化学二部脱碳系统，最终提出脱碳系统旁滤流程优化改造方案，如图 4-3 所示。

① 刨根究底，分析问题　通过对脱碳旁滤系统的组成和设计参数进行描述，对目前脱碳旁滤系统运行过程中的实际状况进行总结，并对不能达到设计目的主要因素进行了深入分析，最终明确原来设计用来脱除固体颗粒和油的措施应用不是很好，导致系统固体颗粒、含油严重超标，最终导致了乐东脱碳装置发生严重的发泡、泛液事件。

② 参照对比，明确差异　通过对化学二部 MDEA 脱碳系统的参观与学习，参照对比，发现化学二部由于其在脱碳前已经进行裂化等工艺使脱碳系统不含油，并且通过在地下槽泵出口设置高精度过滤器避免系统溶液的再次污染，进一步证明了终端脱碳旁滤系统改造的必要性。

③ 实践总结，改良提升　通过对前期在使用五联过滤器的过程中出现的问题进行总结和分析，并提出了改进意见，包括提高五联过滤器滤芯精度、提高地

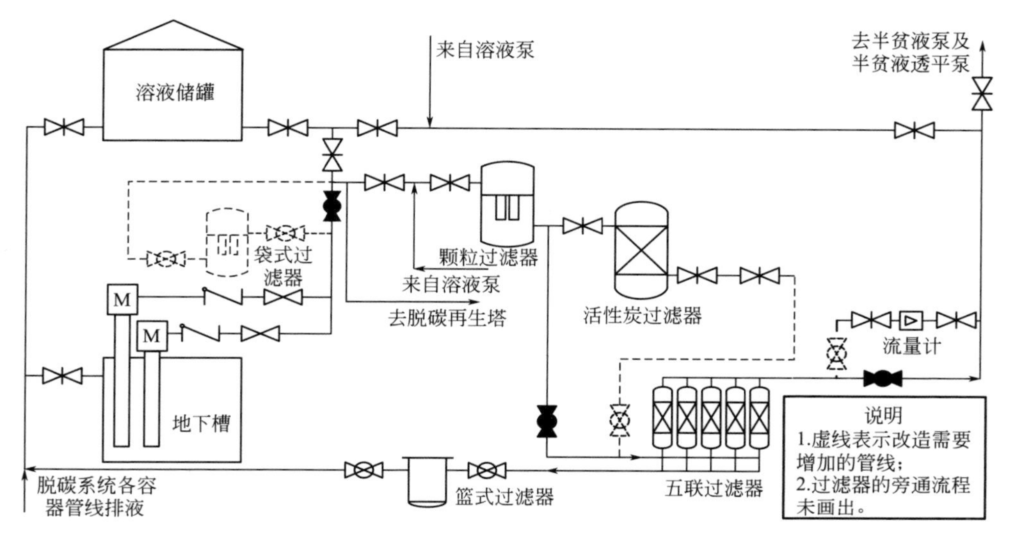

图 4-3　旁滤系统改造流程图

下槽泵出口滤网精度、提高五联过滤器滤芯耐高温性能等。

④ 深入分析，优化方案　通过分析和总结最终提出了将目前的袋式过滤器更换为五联过滤器，并将袋式过滤器移位至地下槽泵出口的流程改造方案。针对改造方案出现的问题再次提出了在袋式过滤器内部增加不锈钢骨架以及在地下槽进口总管上增加隔离阀门及八字盲板的优化方案，避免了在改造后的次发隐患。

（4）灵活调整，积极应变

2015 年 5 月东方 1-1 气田一期调整项目 F 平台正式外输，终端脱碳系统的处理量再次提高，原采用的两套脱碳装置已经不能满足天然气处理的要求。通过仔细分析，最终确定将两套脱碳运行调整为两套半的运行模式。将东方一期脱碳系统或者乐东脱碳系统仅采用贫液进行脱碳，停止功率最大的半贫液泵的运行，最大限度地减少电量的消耗，实现降本增效。

4.2.1.3　效果与启示

通过对脱碳系统的深入研究、流程优化以及能力提升的可行性分析，在保证系统良好运行的前提条件下，由前期的三套装置并行运行调整为两用一备，最后再根据下游的用气量最终调整为两套半的运行模式，大幅降低终端的能耗总量，减少设备的使用时间，延长关键设备的使用寿命，实现了降本增效的目的，同时也大幅度提高了现场作业人员的操作水平和应急能力，起到良好的示范作用。

（1）程序完善，能力提升

通过对脱碳系统的认真学习和深入的分析，明确了脱碳系统的关键参数，完善了相关的操作程序以规范日常操作，最终制定了脱碳系统的应急预案，使现场人员对脱碳系统的认识上升到了一个新的高度，大大提高了现场人员的操作技能和应急水平。经过一段时间的调整，脱碳系统中几个重要的因素（如含油量、颗粒度）都有所下降，系统的平稳运行为后续开展的两用一备和两套半的运行模式提供了前提条件。

（2）减少消耗，节能减排

通过将三套装置改为两用一备或两套半的运行模式，可以大幅度降低脱碳系统中维持动设备运行消耗的电量，同时还可以减少蒸汽的用量，从而降低了燃料气的消耗量。通过统计，一期脱碳停运，每天减少负荷 1300kW，每天节约用电 22000 度左右；锅炉停运，每天节约天然气 20000m^3 左右；循环水泵停一台，循环水塔负荷降低，节约电费及循环水的蒸发。

乐东脱碳停运，每天减少负荷 900kW，每天节约用电 20000 度左右；锅炉停运，每天节约天然气 20000m^3 左右；循环水泵停一台，循环水塔负荷降低，节约电费及循环水的蒸发。

东方终端从 2015 年 4 月 30 日开始按照脱碳装置“两用一备”新模式运行，可以实现年节约电 500 万度，天然气 400 万立方米，效益非常可观。

（3）优化改造，良性运行

通过对原设计的旁滤系统存在问题的分析和讨论，总结化学二部脱碳系统稳定运行的成功经验，并结合五联过滤器在使用过程中的实际效果，最终提出旁滤系统的改造方案。自从五联过滤器投用以来，溶液中的颗粒物浓度逐渐呈下降趋势，有力保证了系统的良性运行。图 4-4 为自乐东装置 2015 年 1～2 月运行五联过滤器后溶液固体颗粒度的含量。

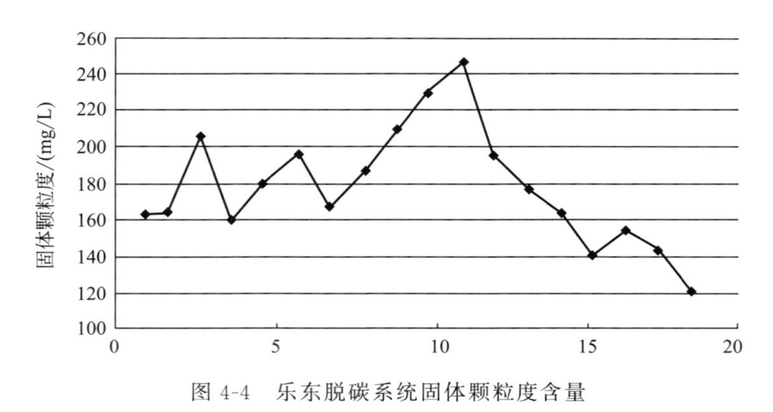

图 4-4 乐东脱碳系统固体颗粒度含量

（4）减少损耗，延长寿命

通过改变三套脱碳装置的运行模式，可以有效减少动设备的运行时间。经过统计，2015 年上半年脱碳系统中的关键设备（水力透平泵、半贫液泵）的运行时率同比下降了 25%，大大减少了设备的运行时间，减少了设备的损耗，并且为实现故障设备的在线检修提供了条件，避免了设备的带病运行，延长了设备的使用寿命，保证了生产的稳定运行。

4.2.2 三相分离器生产工艺优化与油水界面结构改造

4.2.2.1 项目概述

涠洲终端随着上岸原油处理量的增加，原油组分和含水率发生较大变化，油水乳化严重，难以破乳，原设计的三相分离器油水界面高度已不适应现有生产工况，三相分离器油水界面大幅下降，影响三相分离器油水分离效果以及外输原油质量。

4.2.2.2 项目改造方案

针对上岸原油密度变化，对三相分离器油水界面安装高度进行重新核算，并利用三相分离器清罐机会，对其油水界面调节仪进行优化改造。同时，对三相分离器的运行工况进行了优化调整，提高了三相分离器工艺处理效率。

（1）油水界面调节仪优化改造

① 油水界面调节仪结构与工作原理　油水界面调节仪是由手轮、调节器连杆、连杆法兰、活动管、连通管、O 形密封圈组成。三相分离器大腔沉降室与水腔相通，压力相等，油水界面调节仪是利用 U 形管原理，通过调节水腔油水界面调节仪出水高度来实现对大腔油水界面的调控。

② 油水界面调节仪改造方案　通过改造，提高油水界面调节仪安装高度，调整油水界面调节仪调节范围，从而提高三相分离器油水界面。

三相分离器大腔集水管高度为 0.15m，油腔溢流堰板的高度 3.0m，根据三相分离器投产 15 年来的生产运行经验，油水界面在 1.6m 的高度时的油水分离效果最好，出口油含水和水含油效果最佳。

现场对三相分离器油、水取样检测密度得知，在三相分离器工作温度 63℃的条件下，水的密度为 0.9963kg/L，原油的密度为 0.8270kg/L，三相分离器大腔液体高度为 3.0m，改造前油水界面调节仪调节高度为 2.605～2.725m。通过计算，改造前油水界面调节范围为 0.68～1.38m，改造后将油水界面调节仪调节范围提高 10cm。

改造后油水界面调节范围为 1.26～1.97m，完全满足生产工艺要求。

（2）对三相分离器运行工艺参数进行优化调整

① 调整两个三相分离器进料平衡，避免单个三相分离器油水处理负荷过高　一是通过对三相分离器 A/B 罐压力控制进行微调，将 B 罐压力设点降低 3～5kPa，增加 B 罐进料。二是将三相分离器 A 的 12in 进口阀关小至 60%～80%的开度，减少 A 罐进料。调整后，三相分离器出口油含水从 0.7%降到 0.3%。

② 适当提高操作温度，降低操作压力　根据三相分离器的生产工艺条件，参照破乳剂的最佳使用温度 60～70℃，将三相分离器前端的加热器操作温度由

60℃逐渐提高至63℃，提高三相分离器操作温度，促进油水分离。同时，三相分离器操作压力的降低受其原油处理量和下游的电脱水器操作压力（0.35MPa）限制。通过探索试验，将三相分离器压力控制设点由0.495MPa降低至0.475MPa。通过提高操作温度，降低操作压力，提高三相分离器处理效率。

③ 适当降低破乳剂加注量　经调查，上游生产平台破乳剂加注浓度为30×10^{-6}，涠洲终端三相分离器破乳剂的加注浓度也是30×10^{-6}。根据现场工作条件，对三相分离器的加注浓度脱水效果进行调整和化验比对，破乳剂加注浓度降低至22×10^{-6}时的破乳脱水效果最佳。

④ 水腔隔板穿孔测试检查　利用大腔排水阀将三相分离器油水界面降低5%，并将三相分离器水腔液位全部排空，通过水腔排液管线取样口检查大腔或油腔是否有液体串漏到水腔。经测试，水腔隔板完好无串漏。

4.2.2.3　项目的实施效果

① 经过三相分离器油水界面调节仪安装高度重新核算改造和生产工艺优化调整，三相分离器油水界面实现平稳控制，处理效率大幅提高，确保了外输出原油含水率和生产水排放指标完全达标。

② 三相分离器处理效率的大幅提高，原油稳定系统的进料原油完全不含水，有利于原油稳定塔工况稳定，避免泛塔风险，轻油和液化气产量提高超过$50m^3/d$。

③ 涠洲终端三相分离器生产工况的稳定，一定程度受上游平台来料的影响。各油田应加强沟通，避免压井泥浆、油泥等返排生产流程，各油田使用的化学药剂应充分考虑上下游各种化学药剂的配伍性，从而实现生产工况的安全平稳高效。

4.2.3　其他工艺改造优化

4.2.3.1　涠洲终端再生气补流量改造

（1）改造背景

脱乙烷塔塔顶气为西门子透平主燃料气，不足时需要采用高压湿气补充。存在的问题有：

① 高压湿气未经分离单元处理，造成液化气损失；

② 过多的湿气常常造成新奥燃气库容过高，无法及时运输而减产，影响终端干气外输，大量干气放空增加了碳排放。

（2）改造方案

将燃气压缩机多余干气用于透平发电机补充燃料气，改造方案如图4-5所示。

（3）改造效果

透平补气基本为干气，增产液化气$10m^3/d$；年减排6000t标准煤。

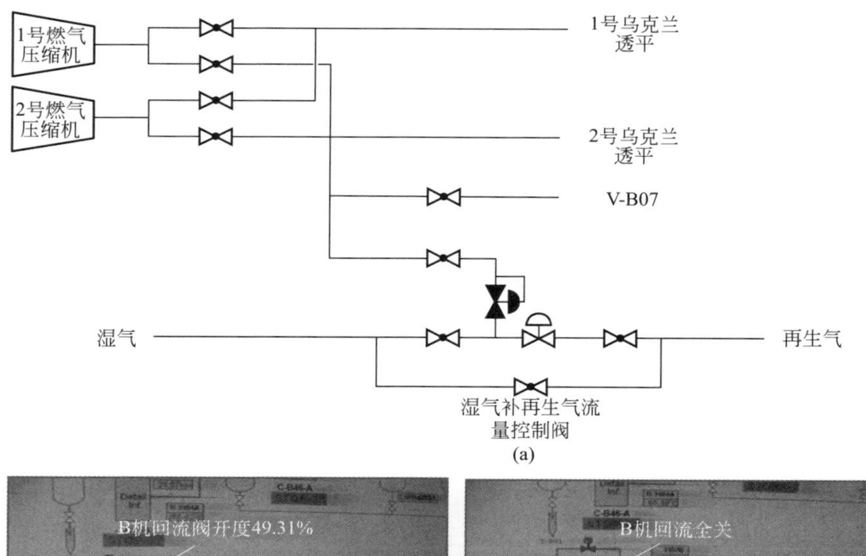

(a)

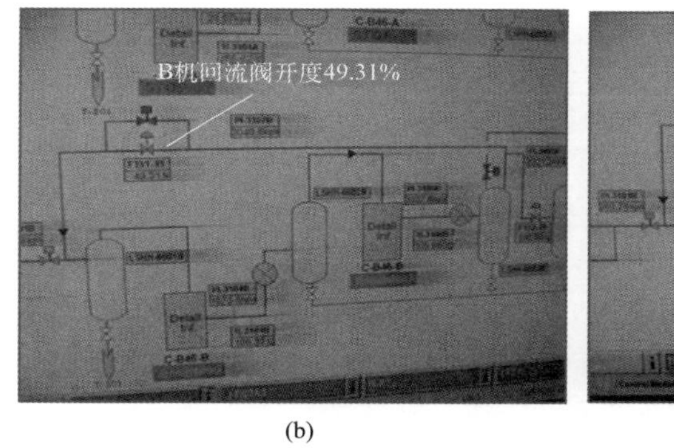

(b)

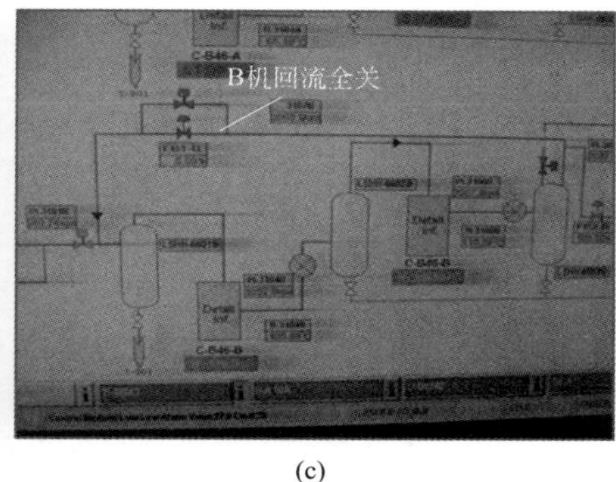

(c)

图 4-5 涠洲终端再生气补流量改造方案示意图

4.2.3.2 涠洲终端脱丁烷塔控制逻辑变更

(1) 改造背景

脱丁烷塔塔顶温度控制在石化行业内普遍认为采用 1/2 回流，涠洲终端脱丁烷塔塔顶温度、压力波动剧烈。

(2) 改造方案

炼化厂进料采用泵入，主动控制，进料平稳；涠洲终端进料被动接收，进料不均。整改措施如下：

① 对丙烷压缩机滑阀、滑块控制器进行检修；

② 滑油冷却器酸洗、丙烷储罐喷水雾辅助降温；

③ 丙烷气相少量放空，提高丙烷纯度。

(3) 改造效果

丙烷机 B 机电流从 85A 上升到 110A，制冷效果恢复；采用丙烷机 B 机运转时，减损液化气 $50m^3/d$。

4.2.3.3 涠洲终端换热器改造优化

（1）项目背景

① 涠洲终端换热设备使用一段时间后换热效率下降，同时，部分换热器管程腐蚀穿孔引起串漏。

② 管壳式换热器折流板阻挡，积淤严重，抽芯清洗需要设备停产，对产量影响很大。

（2）改造措施

① 大修期间对管壳式换热器拆洗，增加酸洗口和冲污口，使得板式换热器热溶解堵（2016 年 9 月得到板式换热器制造方派出的国外专家的肯定）。

② 对穿孔换热器管程从封堵改为采用穿仪表管焊接，减少封堵造成的换热面积下降。

管壳式换热器示意图如图 4-6 所示。

图 4-6 管壳式换热器示意图

（3）改造效果

换热器换热效率恢复，拆洗周期延长；累计增产轻烃 30m^3，减排 29t 标准煤，节电 9.5 万度。

4.2.3.4 涠洲终端单点软管增加 GPS 监控

（1）改造背景

涠洲终端单点靠租用南护工船进行守护，该船抗风浪等级低，恶劣天气无法长时间在单点值守，需频繁来往南湾和单点进行巡检，柴油用量较大。

（2）改造措施

在单点软管处增加 GPS 监控，通过信号传输到中控，减少恶劣海况下南护工船跑动次数，节约柴油用量。

涠洲终端单点软管增加 GPS 监控示意图如图 4-7 所示。

图 4-7 涠洲终端单点软管增加 GPS 监控示意图

（3）改造效果

单点软管增加 GPS 监控，年节约柴油 9000L。

4.3 油田群区域产能释放改造

4.3.1 项目背景

文昌 19-1N 油田、文昌 8-3E 油田的开发潜力均好于 ODP 预测。其中，文昌 19-1N 油田调整井钻后较 ODP 增加探明储量达 587.89 万立方米；文昌 8-3E 油田无水采油期比 ODP 预测延长 2 年。两个油田产油量均超过 ODP 预测。

文昌 19-1C 平台至文昌 19-1A 平台间海管、文昌 8-3B 平台至文昌 8-3A 平台间海管均已处于超能力运行状态，气液总流量超海管设计能力，海管外输压力已接近海管允许的最高操作压力。受管输能力的影响，文昌 19-1N 油田 C5/C6/C8 油井、文昌 8-3E 油田 B5/B7/B8 油井等处于限产状态，油田产能未得以释放。此外，文昌 9-2/9-3CEP 平台 2018 年底投产后，将向文昌 8-3B 平台至文昌 8-3A 平台间海管输送凝析油 $800m^3/d$，进一步加剧此海管的管输负荷。

为了解决限制油田产能释放的主要因素，提前为湛江公司贡献产量，湛江分公司实施了文昌油田群产能释放项目，文昌 8-3B、19-1C、19-1B 三个平台分别增加一套脱水及污水处理装置，新建 1 条文昌 8-3B 至 8-3A 平台 6in 保温软管（1 根立管），海洋石油 116 生产污水处理系统扩容到 $18000m^3/d$。项目建成后将降低文昌油田群的单位产品能耗。

4.3.2 项目方案

4.3.2.1 文昌 19-1C 平台

文昌 19-1C 平台生产井生产物流经油嘴节流后与多路阀各入口相连，需计量的井流体定期进入多相流量计进行油、气、水计量。多路阀汇合各生产井的流体，然后与来自闭排罐收集的液体汇合共同进入海底管道输送至文昌 19-1A 平台。

改造后，在文昌 19-1C 平台的多路阀下游、海管入口上游新增高效脱水装置，将文昌 19-1C 平台产出物送入到处理设备；依次进行脱气和脱水，脱出的原油和天然气混合后送至海管；脱除的含油生产水送入水力旋流器进行处理，经过水力旋流器处理的生产水送入气浮选设备进行处理，将生产水的含油量处理到小于 30mg/L 后排海。文昌 19-1C 平台主工艺系统新增设备如表 4-3 所示。

表 4-3 文昌 19-1C 平台主工艺系统新增设备

名称	位　号	规格参数	数量
旋流脱气器	WHPC-HCY-2001	设计压力：2800kPa(G) 设计温度：120℃	1
旋流脱水器	WHPC-HCY-2002	设计压力：2800kPa(G) 设计温度：120℃	1
一级水力旋流器	WHPC-HCY-3001	设计压力：2800kPa(G) 设计温度：120℃	1
二级水力旋流器	WHPC-HCY-3002	设计压力：2800kPa(G) 设计温度：120℃	1
气浮装置	WHPC-CFU-3001	设计压力：2800kPa(G) 设计温度：120℃	1

4.3.2.2 文昌 8-3B 平台改造

文昌 8-3B 平台生产井生产物流经油嘴节流后与多路阀各入口相连，需计量的井流体定期进入多相流量计进行油、气、水计量。多路阀汇合各生产井的流体，然后与来自闭排罐收集的液体汇合，共同进入海底管道输送至文昌 8-3A 平台。

改造后，在文昌 8-3B 平台的多路阀下游、海管入口上游新增高效脱水装置，将文昌 8-3B 平台产出物送入处理设备；依次进行脱气和脱水，脱出的原油和天然气混合后送入海管；脱除的含油生产水送入水力旋流器进行处理，经过水力旋流器处理的生产水送入气浮选设备进行处理，将生产水的含油量处理到小于 30mg/L 后排海。文昌 8-3B 平台主工艺系统新增设备如表 4-4 所示。

表 4-4 文昌 8-3B 平台主工艺系统新增设备

设备名称	设备位号	设计参数	数量
旋流脱气器	WHPB-HCY-2001	设计压力:4050kPa(G) 设计温度:104℃	1
旋流脱水器	WHPB-HCY-2002	设计压力:4050kPa(G) 设计温度:104℃	1
一级水力旋流器	WHPB-HCY-3001	设计压力:4050kPa(G) 设计温度:104℃	1
二级水力旋流器	WHPB-HCY-3002	设计压力:4050kPa(G) 设计温度:104℃	1
气浮装置	WHPB-CFU-1502	设计压力:4050kPa(G) 设计温度:94℃	1
发球筒	WHPB-PL-1502	设计压力:5000kPa(G) 设计温度:104℃	1
收球筒	WHPA-PR-1502	设计压力:5000kPa(G) 设计温度:104℃	1

4.3.2.3 文昌 19-1B 平台改造

文昌 19-1B 平台生产井生产物流经油嘴节流后与多路阀各入口相连，需计量的井流体定期进入多相流量计进行油、气、水计量。多路阀汇合各生产井的流体，然后与来自闭排罐收集的液体汇合，共同进入海底管道输送至文昌 19-1A 平台。

改造后，在文昌 19-1B 平台的多路阀下游、海管入口上游新增高效脱水装置，将文昌 19-1B 平台产出物送入处理设备；分别进行脱气和脱水，脱除的原油和水混合后送入海管；脱除的含油生产水送入水力旋流器进行处理，经过两级旋流后将生产水的含油量处理到小于 30mg/L 后排海。文昌 19-1B 平台主工艺系统新增设备如表 4-5 所示。

表 4-5 文昌 19-1B 平台主工艺系统新增设备

名　称	位　号	规格参数	数量
旋流脱气器	WHPB-HCY-2001	设计压力:3550kPa(G) 设计温度:120℃	1
旋流脱水器	WHPB-HCY-2002	设计压力:3550kPa(G) 设计温度:120℃	1
一级水力旋流器	191WHPB-HCY-3001	设计压力:3550kPa(G) 设计温度:120℃	1

续表

名　称	位　号	规格参数	数量
二级水力旋流器	191WHPB-HCY-3002	设计压力:3550kPa(G) 设计温度:120℃	1
气浮装置	WHPC-CFU-3001	设计压力:3550kPa(G) 设计温度:120℃	1

4.3.2.4 高效脱水装置

当文昌8-3平台，文昌19-1B和文昌19-1C平台提液后，平台油、气、水产量增加，为了使现有海管满足提液后的输送要求，需要分别在三个平台上新增脱水设备，将各自油田所产部分生产水脱除后进行处理，处理合格的生产水排海，从而减少海管负荷，满足提液后的输送要求。

三个平台新增高效脱水装置，主要分为脱水和含油污水处理两段：脱水段主要设备为旋流脱气器和旋流脱水器，要求能脱除占来液流量50%比例的生产污水；含油污水处理段主要设备为二级水力旋流器和紧凑型气浮器，将污水处理合格后排海。新增高效脱水装置的主要参数如表4-6所示。

表4-6　新增高效脱水装置的主要参数

平台	设备名称	处理量(液体)/(m^3/d)	尺寸/m	干重/t
文昌8-3B	脱水橇(包括脱气器、脱水器)	2800	3.5×2.8×4.0	7
	水力旋流器橇(包括两级水力旋流器)	1400	3.8×3.2×3.6	6
	紧凑型气浮器	1400	4.0×2.8×4.0	5
文昌19-1B	脱水橇(包括脱气器、脱水器)	3140	4.0×2.8×4.0	8
	水力旋流器橇(包括两级水力旋流器)	1570	3.8×3.2×3.6	6
	紧凑型气浮器	1570	4.0×2.8×4.0	5
文昌19-1C	脱水橇(包括脱气器、脱水器)	6700	5.5×3.8×4.0	15
	水力旋流器橇(包括两级水力旋流器)	3350	4.6×3.8×4.0	9
	紧凑型气浮器	3350	5.0×3.5×4.0	7

4.3.2.5 新增海底管线

当文昌19-1C和文昌8-3B平台提液后，平台油、气、水产量增加，现有海管无法满足提液后的输送要求，为了满足平台提液后的输送要求，先考虑在文昌19-1C平台、文昌19-1B平台和文昌8-3B平台上新增脱水设备，将油田所产部分生产水脱除后进行处理，处理合格的生产水排海；同时在文昌8-3B平台到文昌

8-3A 平台之间新建保温软管，文昌 9-2/9-3 平台海管不接入文昌 8-3B 平台而是直接接入新建海管，从而满足提液后的输送要求。

4.3.3　项目效果预测

项目预计增油 61.13 万立方米，IRR 为 33.78%，将有效减缓文昌油田群单位产品能耗上升的趋势。

4.4　船舶节能良好实践

4.4.1　船舶精细化管理节能

4.4.1.1　文昌 13-1/2 油田船舶精细化管理

（1）背景

文昌 13-1/2 油田位于海南省文昌市以东 132km 的海域上，海区水深 117m。油田主要设施包括：文昌 13-1 井口平台（2.5km）文昌 13-2 井口平台（4.3km），一艘具有处理、储油和外输能力的 15 万吨浮式储油装置（FPSO）。油田守护船主要用于：

① 人员、货物在陆地码头、海上三个生产装置之间的转运；

② 直升机起降海上安全守护；

③ 原油、LPG 外输作业期间的拖艉、递管、解脱、巡航守护；

④ 舷外等特殊作业的支持守护、海管巡航、油水补给等。

（2）实施方案

① 以制度严控守护船的调度使用　修订和完善油田守护船管理制度，制定《守护船交通周计划》表格，配合油田的倒班飞行计划，实施每周二、四、六定时定线跑交通，严控守护船使用。通过实施班组提前 2 天申请规定以及“守护船交通安排”邮件提醒，油田总监统一协调守护船，提高使用效率。守护船调度示意图如图 4-8 所示。

② 以制度减少守护船使用频次　通过“三集中、一准备”措施减少守护船靠泊频次和时间，减少无谓油料损耗，即人员倒班集中、备品食品集中、人员巡检维修集中以减少交通频次，人员、物料、吊机提前准备，以减少吊机和守护船备车时间，降低柴油消耗；密切关注湛江分公司守护船动态，充分利用来往湛江基地或文昌油田群的守护船。

③ 以数据总结和分析减少守护船的柴油消耗　统计油田守护船周交通时间表，每月初对前一个月守护船柴油消耗情况进行“月分析”——对每周优化守护船交通航线以及做好守护船柴油消耗记录并进行月度分析。将分析结果以及发现

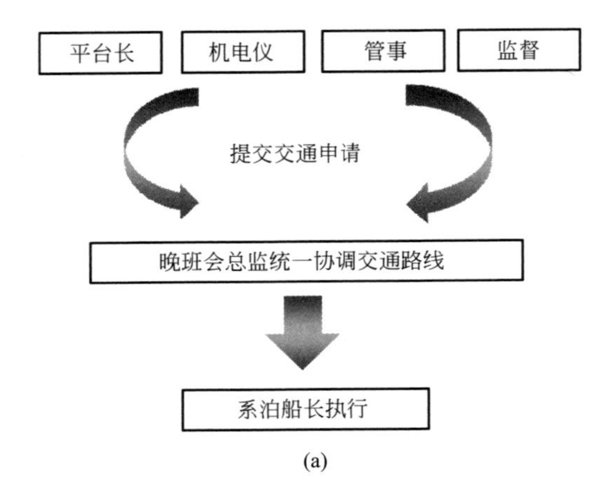

(a)

文昌13-1/2油田每周守护船交通计划					日期：3.14～3.20				
路途 及时间	星期一	星期二	星期三	星期四	星期五	星期六	星期日	计划内 周统计	计划外 周统计
机械班组									
中控班组									
仪表班组									
电气班组									
13-1平台				131有人员复员			林明孝上午过132交接，配餐冷气4人复员，下午大部队过132		
13-2平台		131刘亚乐、吴华、朱大威早上回奋进倒班，信科一人一起回奋进，13-2需要加淡		13-2有4人回奋进倒班，有3人倒班上平台			修井大部队过131		
安全									
报务									
船舶班组									
后勤班组									
守护船动态	HY601系水鼓、HY602抛锚	HY602系水鼓、HY601返湛	HY602系水鼓 德加过路船	HY602系水鼓					
交通路线	HY602 FPSO➔13-1➔132 HY601 13-2装返湛货	13-2➔131 FPSO FPSO➔ 13-1➔132	13-1➔13-2➔FPSO	13-2➔13-1➔ FPSO FPSO➔ 13-2➔13-1	13-2➔13-1➔ FPSO	13-1➔FPSO➔ 13-2 FPSO➔ 13-2➔13-1➔ FPSO➔13-2	13-1➔ FPSO➔13-2		
备注：每周二、四、六有固定交通，请各班组提前做好用船计划，每天17：30前填写完第二天的交通计划，填写交通路线及大概时间，便于统筹安排。									

(b)

图 4-8　守护船调度示意图

的问题汇总，油田再根据分析结果不断优化管理。

同时，建立所有来油田守护船消耗柴油量档案，对比使用时间及柴油消耗记录，以方便改进不同守护船的燃油消耗，以细节严控不同守护船的使用时间和柴油消耗。

（3）效果分析

2015 年以来，文昌 13-1/2 油田多渠道开展守护船降本增效措施。据统计，通过一系列守护船管理措施，文昌 13-1/2 油田 2015 年守护船管理节约柴油

57.16t，其中管理提升节约柴油 40.98t；2016 年守护船管理节约柴油 61.96t，其中管理提升节约柴油 19.02t。

以制度严控守护船的调度使用和使用频次，并细化守护船使用管理效率，提升守护船柴油节约的节能成效，适用于有多个海上装置并公用一艘守护船的油气田。通过科学统筹、精细管理实现守护船的最大化使用效率，可实现守护船柴油消耗的节约。

4.4.1.2 文昌油田群船舶精细化管理

（1）背景

文昌油田群位于中国南海北部海域珠江口盆地西部，距海南省文昌市 148～185km，区域范围内水深 120～155m。油田群现有海洋石油 116、文昌 13-6 油田两个中心装置和文昌 19-1A/B/C 平台、文昌 15-1A 平台、文昌 14-3A 平台、文昌 8-3A/B 平台七个井口平台，各油田及平台间的人员、货物转运，平台补给、海域巡检、守护，消防溢油回收等应急响应、避台人员运转、提油作业拖尾递管等作业都是由拖轮完成。由于文昌油田群点多、面广（相互距离最远 36.9km，最近 2km）、水深，加之本海区气候属热带气候，气候、海况均受台风和季风的影响，每年平均台风撤离 3 次，给拖轮的调度带来了难度。如何进行综合调配，达到最佳经济效果，一直是摸索的重点。

（2）实施方案

经过多年的探索和实践，形成了一套完善的船舶统一调度管理模式，实现了船舶的统一管理、统一调度。具体措施如下：

① 统一安排，优化线路　系泊船长汇总各平台用船申请，综合考虑用船任务的轻重缓急，然后统筹安排，设计、优化船舶的作业线路，目的是走最短的路，用最短时间、消耗最少的燃油，完成最大量的工作；同时要求各作业点不压船，实现安全高效运转。文昌油田群船舶协调示意图如图 4-9 所示。

② 信息畅达，综合提效　系泊船长综合所有信息，做到及时通知到各平台和守护船，同时要求平台和守护船都做好计划，提高作业效率和守护船的周转速度，避免因为物料没备好或者吊机检修等情况导致压船。

③ 任务统筹兼顾　油田要求拖轮在跑交通的同时完成巡检作业，航行的同时完成海面巡视，及时发现溢油，防止海洋污染，进而达到一次航行完成多项任务，实现节能减排的目的。

④ 统筹安排，区别对待　根据文昌 8-3A、文昌 8-3B、文昌 14-3A 平台位于返湛路线节点，所以三个平台的人员转运、材料配送以及油水补给优先利用返湛船执行；文昌 15-1A 平台位置孤立、路线较远，采取两周一次交通的方式，集中跑交通；其他近点平台，采取每周 1 次固定跑交通的模式。做到合理优化，不遗漏、不重复。

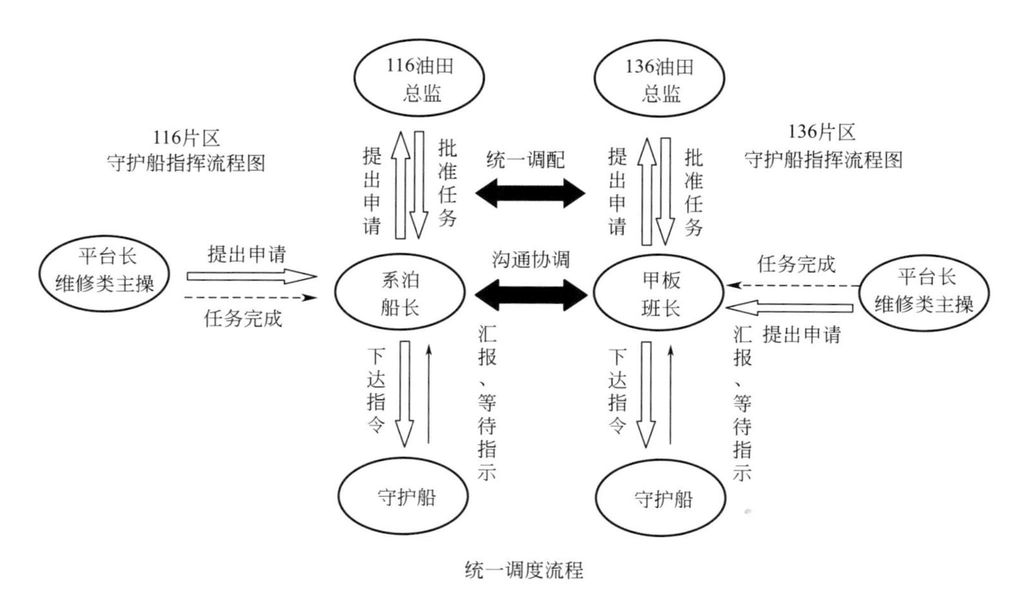

图 4-9　文昌油田群船舶协调示意图

⑤ 根据天气，做好船舶使用管理　及时接收天气预报，根据附近海况进行综合分析，判断作业的可行性，减少因天气原因而无法进行的作业。在天气海况恶劣、船舶无法作业情况下，除了保持最少拖轮配置外，剩余的拖轮安排返湛，以免在油田巡航浪费燃料，降低船舶发生危险的概率。

（3）效果分析

船舶的统一调度管理不仅优化了油田用船，而且船舶效率大大提升。水臌装置的投用，拖轮每系一次水臌可节省柴油 0.5t，文昌 13-6 油田水臌投用以来，累计节省柴油 239.75t，海洋石油 116 水臌每年节约柴油 240t 左右，累计节约 2000t。

4.4.1.3　涠洲油田群船舶精细化管理

（1）背景

涠洲作业公司共有 24 个海上平台和 1 个陆地终端，作业区域水深普遍在 30～40m。其中无人平台 10 个，由于平台没有设计相应的生活设施，拖轮每天需要往返中心平台和井口平台至少 3 次，给井口平台送饭菜以满足作业人员的膳食需求。在不考虑恶劣海况天气的影响下，每次拖轮往返中心与井口平台接送饭时间约为 60min，每次接送饭时中心与井口平台使用吊车时间约为 20min。

按照协调部的安排，涠洲海域共有 8～9 艘船在海上执行守护、交通、作业支持、生活支持的工作。基本上按照每个行政单元配置船舶，另外安排 2 艘船进行机动。油田所管辖井口平台分布分散、点多面广，人员和物料备件的调拨需求增大，船舶的无序管理导致拖轮调用频繁，柴油消耗量大。

（2）实施方案

① 优化拖轮调用流程　建立船舶使用管理规定，明确船舶调用统一指令由总监发出，甲板班长执行调度，并按照要求乘船人员提前 5min 等船，避免出现船等人的现象；拖轮使用需要提前申请，提前一天将需求填入《船舶需求登记表》，准备好一切物料机具等，避免耽误拖轮交通。

机、电、仪部门工作统筹安排，充分利用井口平台固定人员的倒班时间，统一去井口进行设备保养、故障排除、补给，尽量减少使用应急拖轮的频次。甲板班长统一协调平台补给加油、加水，减少单独跑交通补给的情况。甲板班长根据填写的《船舶使用情况表》，便于掌握船舶使用信息，进一步优化工作安排，减少船舶调用频率。

② 优化井口平台送饭路线　如涠州 11-2B 平台，设计为无人井口平台，投产初期不具备无人值守条件，工作人员需要通过距离为 10.6km 的涠州 12-2A 平台送饭，来回运用拖轮交通行驶约 55km，消耗燃油量大，成本非常高。经油田研究决定，在涠州 11-2B 平台作业人员较少不超过 10 人时，平台自己做饭，作业人数超过 10 人的情况下改为涠州 12-1W 平台为其送饭，节约拖轮柴油消耗。优化路线示意图如图 4-10 所示。

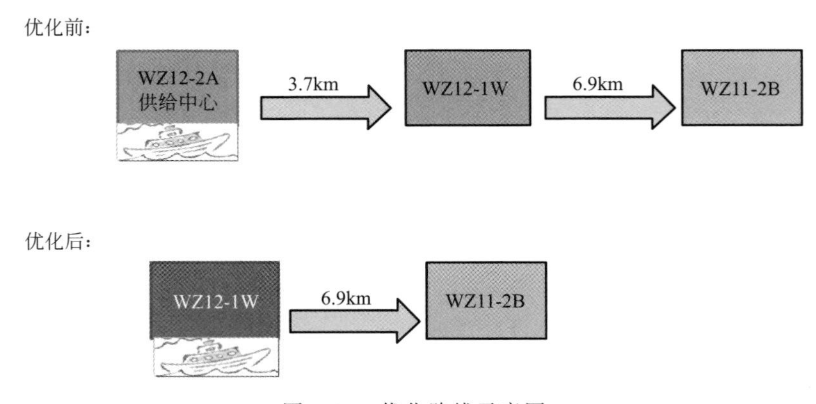

图 4-10　优化路线示意图

③ 增加生活设施及配备厨师　如涠洲 11-4B 平台，增加厨房、餐厅并调配一名助厨常驻井口平台，取消拖轮送饭制度，可以减少拖轮柴油消耗及平台用电消耗。每次拖轮往返中心与井口平台接送饭时间约为 60min，涠州 11-4 油田常驻守护船功率为 5200hp（1hp＝745.7W），理论耗油量为 210g/(kW·h)，那么取消拖轮接送饭一次可节约拖轮 0.803t 柴油。每次接送饭中心与井口平台分别使用吊车时间约为 20min，取消拖轮接送饭一次可节约平台 134 度电。

井口平台配备厨师，不仅从根本上改善井口平台作业人员用餐的质量，使生产人员可以专注生产运行，而且取消了拖轮送饭可减少拖轮及吊车设备损耗，提高设备使用寿命，降低相关人员的劳动强度，同时也降低了因恶劣天气吊装带来的安全风险，达到一改多得的效果。

（3）效果分析

严格执行油田的拖轮送餐管理办法，优化后由涠州 12-1W 送餐可节约 3.7km 的距离，约减少油耗 166kg；作业人员较少（不超过 10 人）时，平台自行做饭，可减少拖轮交通。涠州 12-1W 平台距涠州 12-2A 平台 6.9km，单趟可节油约 310kg。自油田优化拖轮调用和井口平台送饭流程以来，每月节约拖轮往返 45 万元的费用，节能效果显著。

通过在涠州 11-4B 平台增加了厨房、餐厅等配套设施，减少拖轮往返次数，每月可节省燃油 $90m^3$ 左右，每月节省用电 12000 度。这不仅仅是老井口平台不断创新、焕发生机的良好实践，也是涠洲 11-4 油田在石油行业面临“寒冬”局面，实施“求生存、谋发展”、着力降本增效的有效举措。

4.4.1.4 东方 1-1 气田船舶精细化管理

（1）背景

东方 1-1 气田主要设施包括：DF1-1CEPD 中心平台及 DF1-1WHPA 井口平台（距中心 5.6km），DF1-1WHPB 井口平台（距中心 9.2km），DF1-1WHPE 井口平台（距中心 3.6km），DF1-1WHPF 井口平台（距中心 9.1km）。气田守护船主要用于五个装置之间的协调调度。以往的调度模式是根据装置设备维修、人员倒班和物料补给需要，随时进行人员和物资转运，往往缺乏计划性、统筹性，未全面考虑，并预先制定合理详细的调度计划，因此存在以下不足：

① 随用随调，增加守护船起抛锚和靠泊频次；

② 守护船各次靠泊的有效利用率较低；

③ 造成守护船非必要的柴油能耗；

④ 气田对守护船规范化管理难度大。

（2）实施方案

a. 完善气田守护船管理制度，制定《船舶调度信息表》，根据每个井口的用船需求，前一天由各个井口、班组、监督以及后勤进行填写，甲板班组进行路线优化，统一部署，尽量缩短跑船路线，提高靠泊利用率，提高调度质量，减少守护船的非必要的柴油消耗。船舶调度示意图如图 4-11 所示。

b. 通过“集中统一管理、精细统筹调配”措施减少守护船靠泊频次和时间，减少不必要的油料损耗。人员倒班、物料食品补给、井口维修队统一管理，集中转运以减少交通频次，人员、物料、吊机提前准备以减少吊机和守护船备车时间，降低柴油消耗；密切关注湛江分公司守护船动态，充分利用来往东方八所港或东方气田群的守护船，做到精细统筹调配。

c. 统计气田守护船周交通时间表，每周对前一周守护船柴油消耗情况进行分

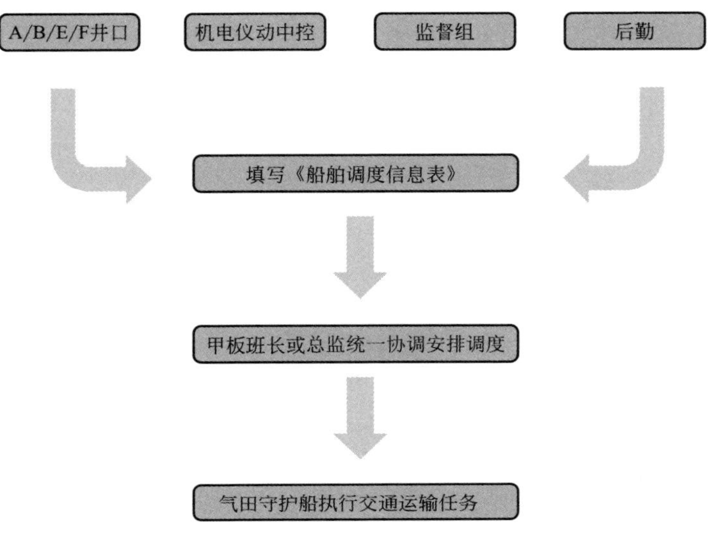

图 4-11 船舶调度示意图

析，将分析结果以及发现的问题汇总，油田再根据分析结果不断优化管理。同时，对每艘守护船柴油消耗进行记录，以方便改进不同守护船的燃油消耗，以细节严控不同守护船的使用时间和柴油消耗。

（3）效果分析

实施精细化管理后，气田每周跑船次数可减少 3 次左右，每次靠泊时间可节约约 15min。2015 年以来，东方 1-1 气田广泛开展守护船降本增效措施。据统计，通过一系列守护船精细化管理措施的实施，对比之前，东方 1-1 气田 2015 年守护船管理节约柴油 45t，2016 年守护船管理节省柴油 78t。

通过严格落实制度的实施和气田创新型管理，东方 1-1 气田船舶调度新模式逐渐完善，有效降低了守护船的使用次数，提高了靠泊利用率，实现了柴油能耗的减少，达到了节能增效之目的。南海西部片区的守护船使用具有高度相似性，对于“多装置，一艘船”的油气田来说具有较强的推广可行性，在后续推广过程中还需通过科学统筹、精细管理，实现守护船利用率的最大化。

4.4.2 工作船待命系水臌节能

4.4.2.1 系泊水臌简介

船舶系泊水臌也叫系船浮筒，是指在海上油气田、钻井平台附近抛设的为船舶使用的系泊浮筒。船舶系泊水臌由锚具、索具、水臌、系泊缆绳、引绳、浮标组成，分为水下和水上两部分。水下部分结构见图 4-12，水上实例图见图 4-13。

系泊水臌的作用包括以下几部分。

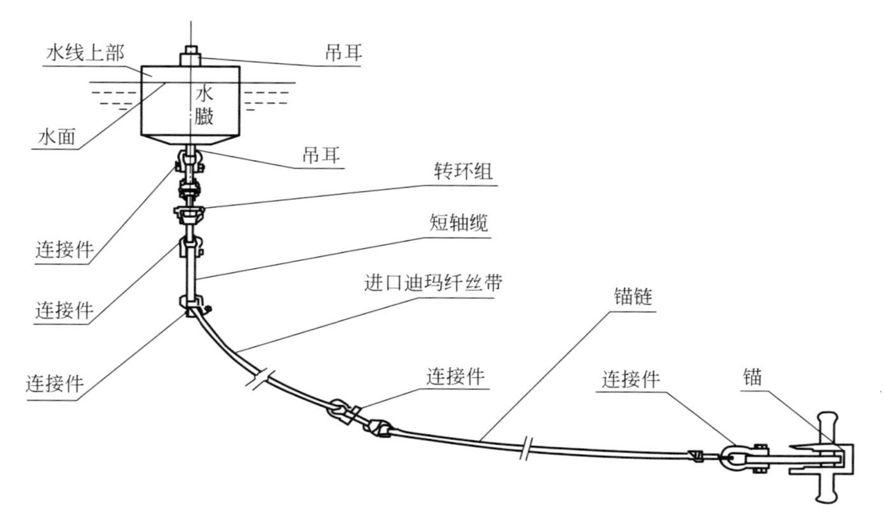

图 4-12 系泊水臌水下部分示意图

图 4-13 系泊水臌水上部分实例图

（1）节约能耗

① 船舶系泊水臌比抛锚节约柴油　船舶系泊和离开水臌时间比船舶抛锚和起锚时间要少，可减少主机运转时间。如文昌油田群水深约 130m，船舶抛锚需 30min，起锚需 40min（风浪较大时起锚时间更长），一次抛锚起锚合计 70min。而系泊水臌只需 15min，离开水臌需 5min，一次系离水臌合计 20min，比船舶锚泊用时减少 50min。按一艘 7000hp 船舶计算，理论耗油为 230g/（kW·h），抛锚时主机 30%负荷，每次系泊水臌可节约 0.33t 柴油。

② 船舶系泊水臌比巡航节约柴油　在水较深的地方或天气较为恶劣时，船

舶无法抛锚待命，只能巡航。如有船舶系泊水臌，可以系泊待命节约燃油。按一艘 7000hp 船舶计算，船舶巡航 12h 需消耗 4.8t 柴油。

（2）减少设备损耗，提高设备使用率

船舶系上水臌后，关停主机，只需发电副机运行，可减少主机运行时间、降低设备损耗和故障，达到延长设备使用寿命、提高船舶使用效率的目的。

（3）减轻船员劳动强度，改善船员工作环境

在深水作业时，由于船舶无法锚泊而要巡航，船员要进行航行值班。系上水臌后，船员只需值锚泊班，从而大大降低了船员的劳动强度。主机停机后，减少噪声，改善了船员工作环境。

（4）减少意外事故

船舶系泊水臌抗风浪能力较强，通常八级以下风时可保持系泊状态。而船舶起锚作业时间长，对锚机设备状况要求高，特别是天气突然变坏时，有丢失锚的风险和对起锚人员造成意外伤害的风险。

（5）提高船舶应急反应能力

当遇到紧急情况时，守护船可以立即解掉系缆，在数分钟内就能到达现场，大大提高了船舶的应急反应能力。

4.4.2.2 文昌海域使用水臌案例

（1）强化水臌使用管理要求

修订和完善油田守护船管理制度，强化要求在油田值守的守护船执行如下规则：在天气条件符合系水臌情况下，守护船巡航等待时间超过 1h 的油田时要求守护船系水臌待命，节约守护船巡航时间。油田有三个海上生产装置，在平时作业协助、交通之外，减少怠速巡航时间，守护船多使用水臌系泊，减少守护船主机运行时间。为保障水臌的可用性和安全性，油田每 2 年对水臌进行收起检查，保障水臌及其附属件的可靠性。

（2）抛锚和系水臌节约柴油

文昌油田海域水深 117m，一般天气船舶抛锚锚链长度为水深的 3～5 倍才能抓牢，在油田海域守护船一般抛锚 16 节，锚链长度 16×27.5＝440（m），守护船抛锚放锚链要 20min，起锚要 40min。起抛锚一次守护船要 1h。带水臌一般用时 6min，解水臌一般 4min。夏季守护船巡航每小时耗油 0.16t，冬季守护船巡航每小时耗油 0.24t。因此夏季系水臌一次可节约柴油约 0.16t，冬季夏季系水臌一次可节约柴油约 0.24t。同时，解水臌时间比起锚时间短很多，有利于守护船缩短应急反应时间，提高了海上突发状况和事件的应急反应能力。

4.4.2.3 节能增效效果分析

2015 年以来，文昌 13-1/2 油田多渠道开展守护船降本增效措施。据统计，通过一系列守护船管理措施，文昌 13-1/2 油田 2015 年守护船管理节约柴油

57.16t，其中守护船系水臌管理要求的执行节约柴油 40.98t；2016 年守护船管理节约柴油 61.96t，其中守护船系水臌管理要求的执行节约柴油 42.94t。

守护船在无工作任务，巡航等待时间超过 1h 时，进行系水臌待命，减少巡航时间，实现节约柴油消耗的措施，在海水深度超过 50m 以上海域的油气田装置中具有明显的节能效果。该守护船节能措施适合中国海洋石油集团有限公司的大部分海上油气田及生产装置。

参 考 文 献

[1] 马晓鹏，陈丽英. 能效对标与能耗定额管理探索与实践. 石油石化节能，2013（2）：40-42.

[2] 马坤，郎立术，周亮，肖志勇，刘向东. 能源管理初始能源评审分析. 石油石化节能，2015（9）：31-32.

[3] 魏丽，李玉斌. 降低海上油气田火炬放空天然气量的技术思路探讨. 应用能源技术，2014（8）：27-32.

[4] 张继芬，胡鹏，刘峻，王雄文，邱国华. 海上石油平台电力组网及其 EMS 系统设计与实现. 工程设计，2008（4）：57-60.

[5] 杨勇，陈肇日，刘祖仁，冯在棠，林涌涛. 脱碳系统闪蒸气回收利用的实践. 应用能源技术，2010（1）：6-9.

[6] 刘祖仁，邵智生，谢协民. 文昌 13-1/2 油田放空天然气回收技术的应用、技术创新，2010（2）：36-38.

[7] 张强. 海洋石油平台电力组网的设计与实现. 船舶，2012（10）：67-71.

[8] 李强，等. 海上油气田群电力组网技术. 中国造船，2011，52（1）：219-220.

[9] 王万旭，封圆，等. 跨区域电力组网技术在 BZ34-9 项目中的应用. 油气田地面工程，2017（1）：61-63.

[10] 胡徐彦. 海上平台火炬放空天然气回收利用研究. 广州化工，2015（4）：174-175.

[11] 刘骁，程雁，等. 油田注水用纤维过滤器技术水平分析. 石油机械，2006（1）：77-78.

[12] 刘光成. 电催化氧化法处理海上平台生活污水的现场应用. 工业水处理，2014（7）：77-78.

[13] 王开岳. 天然气脱硫脱碳工艺发展进程的回顾——甲基二乙醇胺现居一支独秀地位. 天然气与石油，2011（1）：15-21，6.

[14] 陈杰，张新军，褚洁，史泽林，唐建峰. MDEA＋MEA 天然气脱碳工艺影响因素. 化工学报，2015（2）：250-256.

[15] 张磊，蒋洪. 高含 CO_2 天然气脱碳工艺中 MDEA 活化剂优选. 石油与天然气化工，2017（4）：22-29.

[16] 呼晓昌. 海上油气田透平发电机余热回收技术应用. 石油石化节能，2014（11）：14-16.

[17] 孙素英，臧镇. 余热发电在工业余热回收中应用的探讨. 现代冶金，2016（5）：41-43.

[18] 庄允朋，厉建栋. 燃气-蒸汽联合循环发电技术的应用. 煤气与热力，2003（9）：559-561.

[19] 郑智颖，李凤臣，李倩，王璐，蔡伟华，李小斌，张红娜. 海水淡化技术应用研究及发展现状. 科学通报，2016（21）：2344-2370.

[20] 高从堦，周勇，刘立芬. 反渗透海水淡化技术现状和展望. 海洋技术学报，2016（1）：1-14.